抹殺知事が最後の告発で明かす

日本劣化の正体

元福島県知事
佐藤栄佐久

ビジネス社

はじめに

二〇一一年三月一一日午後二時四六分、自宅にいる私の携帯電話が突然、妙な音を発信し始めた。急いで確認してみると、地震警報を告げるメッセージが表示されている。

私はすぐに「庭に出ろ！」と、家内と共に部屋を飛び出した。建物や木が倒れてきても避けることができそうな庭の中央で、必死にお互いを抱きしめ支え合い、揺れの収まるのを待った。一人では立っていられないような揺れのなか、実に十数年ぶりの抱擁となったのだが、あまりの恐怖に揺れが収まってからもしばらくはそのまま呆然としていた。

ふと気が付くと、やはり同じように飛び出してきたご近所さんたちと目が合った。普段なら庭木や塀に隠れ、外界の視線を気にすることのない庭なのに変だな、とよく見ると、玄関先の石塀が上から半分ほど崩れ落ちていた。それが今回の地震のただならぬ状況を目の当たりにした、最初の瞬間であった。

翌一二日、福島第一原発一号機の水素爆発が起き、一四日には三号機が、一五日には二号機が水素爆発を起こし、四号機に甚大な被害をもたらした。一号機〜三号機の三機はいずれも炉心溶融（メルトダウン）を起こしていたことが後でわかった。原発史上世界最大級の事故となったのである。

それから、まもなく四年になろうとしている。

いま被災地東北が、とくにわが福島県がどこまで復興したかを冷静に見てみると、現地の首長たちの必死の努力や取り組みの甲斐もなく、とても回復したとは言いがたい状況だ。

現在、福島県内には除染土の入った黒い袋の仮置き場が約一〇〇〇カ所もある（二〇一五年二月現在）。初めて見た人はその不気味な姿に肝を冷やすのではないか。エサを求めて荒れ放題の畑をイノシシが走り回る。人の住めなくなった人家では、食糧を食い尽くしたネズミが簞笥《たんす》やテーブルの脚を齧《かじ》っている。「アンダーコントロール」のはずの福島第一原発では、汚染水の漏れが止まらない。

事故三年目の二〇一四年三月一一日の時点で、東日本大震災による被災状況は、「全国で死者一万五八八四人、行方不明者二六三三人、震災関連死二九七三人強、避難者数二六万七四一九人となっている。仮設住宅には約一〇万四〇〇〇世帯が暮らし、岩手・宮城・

福島三県のプレハブ仮設住宅の入居率は約八四％にのぼる。同時期の入居率が五〇％台だった阪神大震災と比べて、暮らしの再建の遅れが目立つという」。これは『朝日新聞』に載った同日付の記事による。

そして福島県の震災関連死の人数は、地震や津波による直接の死者数を上回ったと同記事にはあった。ちなみに、福島県の震災による死者数は一六〇七人、行方不明者数二〇七人。これに対し震災関連死者数は一六六〇人である（二〇一四年三月一一日現在）。確かに関連死のほうが多くなっている。その最も大きな要因はいうまでもなく、原発事故に起因するものとみて間違いないだろう。

これに対し、政府の対応は及び腰というか、それぞれの対策や努力が、残念ながら事故の規模と内容に追い付いていない。いくら対処しても原発事故の住民の苦しみがそれを上回っているというのが私の実感である。故郷を追われたまま、仮設住宅で生涯を閉じる高齢者が増えているのだ。なんということかと思う。

「福島の復興なくして、日本の復興はない」――中央の政治家の言葉だけが踊っている。なんとむなしく聞こえることか。実態は、国土強靱化や東京五輪準備の掛け声のもとに、復興の現場からは作業員がどんどん姿を消し、その後は作業員がまったく集まらなくなっているのだ。汚染水処理どころか、危険な制御棒を取り扱う業者のところに人が集まらなくなっている。危機はまったく終息していない。

ところが、朝日新聞が被災者一〇〇〇人にアンケートをとった結果、震災三年後の昨年でさえ、八割近い人が事故の「風化」を感じているという。いや、風化していると感じさせられているというべきだろう。つまり私たちは「〝中央〟から見捨てられつつある」という感覚だ。

風化の現実は、福島から遠く離れた鹿児島県に見ることができる。

二〇一四年一一月、鹿児島県の川内原発の再稼働を県議会が承認、伊藤祐一郎県知事も追ってこれを認めた。しかし、県のトップと県議会や市議会が承諾しても、住民の半数は再稼働に反対である。フクシマのことをもう忘れたのか！　と。

安倍政権と原子力ムラはなぜ、これほどまでに民意を無視し、強権的に原発の再稼働に走るのだろうか。

一言でいうと、日本はこと原子力政策に関するかぎり、とうてい民主主義国家とはいえない。日本は「原子力帝国」なのである。そしてその植民地は、原発の立地する全国の過疎地である。それは米軍専用施設の七割以上が集中する沖縄の構造とまったく同じだ。政治家の「地元の声が大切だ」という言葉はパフォーマンスにすぎない。原発推進は国策であり、反対の民意は基本的に無視される。川内原発の再稼働は、事故後鳴りを潜めていた原子力ムラが本格的に復活したことを意味する。

今から八年前の二〇〇六年一〇月、私は収賄容疑で東京地検特捜部に逮捕された。県が発注したダム工事で私が「天の声」を発して業者から賄賂《わいろ》を受け取ったというのだ。まったく身に覚えのないことだった。

五年に及ぶ裁判闘争の結果、最高裁で私の上告が棄却され、二〇一二年に有罪判決が確定した。しかし、判決文の中で私の収賄額は「ゼロ」と認定された。つまり、一円も受け取っていないのに「有罪」とされたのである。この不条理な判決に、原子力ムラの意を汲んだ国の強い意思を感じる。なぜなら私は福島県知事時代、原子力ムラと厳しく対峙してきたからである。「福島のトゲを抜け」それが国の意思だった。私の冤罪事件の深層を探れば、福島第一原発事故の真相が見えてくる。

いま私は、川内原発の再稼働に強い危機感を覚えている。日本の未来は脱原発社会が築けるかどうかにかかっているからだ。このまま再稼働を許してはならない。

そのためにも、フクシマの現実を伝えたい。フクシマの真実を知ること、忘れないこと、その教訓を生かすことが「復興」の大前提である。

二〇一五年二月

佐藤栄佐久

目次「日本劣化の正体」

はじめに◉2

第1章「原子力ムラ」との闘いの一八年

15◉「原子力ムラ」にいいなりの安倍政権
17◉「スラヴィティチ五原則」――原発は国の責任
19◉「原子力ムラ」とはなにか
22◉闘う知事として
25◉知事になってわかった東電の隠ぺい体質
28◉国も同じ穴のムジナ
30◉小冊子『あなたはどう考えますか？～日本のエネルギー政策～』
35◉美浜原発の事故と柏崎刈羽原発の活断層
37◉核燃料サイクルは成り立たない
41◉プルサーマルをめぐる国の不実

44 ◉ 原発政策の民主主義化を求めて
49 ◉ 迷走するプルサーマル発電
53 ◉ 宗教と化したプルサーマル
57 ◉ 経産省内の暗闘「一九兆円の請求書」
62 ◉ 核燃料税の引き上げをめぐる攻防
64 ◉ 力ずくでも進める
66 ◉「エネルギー政策検討会」での議論
70 ◉ 米国からの内部告発
76 ◉ 原子力ムラの総本山で対決
82 ◉ 原子力ムラの反撃「大停電がやってくる」
86 ◉ 狭まる「佐藤包囲網」と運転再開
89 ◉「行列のできる法律相談所」の著名弁護士
93 ◉ プルサーマル計画を受け入れた福島県

第2章　脱原発知事を抹殺せよ

99 ◉ メディアによる「人物破壊攻撃」

第3章

福島原発事故と奥只見水害がほぼ同時に起きた意味

104 ◉知事辞任そして逮捕
108 ◉冤罪のつくられ方1「共謀」
112 ◉兄弟の相克
115 ◉冤罪のつくられ方2「天の声」
118 ◉収賄額「ゼロ円」の高裁判決
122 ◉官製談合事件の背景にあるもの
128 ◉東京地検特捜部の劣化は由々しき事態だ
131 ◉最高裁第一小法廷の問題点
137 ◉豪雨災害は「ダム災害」ではないのか
141 ◉淵源は戦後すぐの奥只見開発にあり
144 ◉只見川ダム群の姿
146 ◉中谷宇吉郎博士の論文「ダムの埋没」

149 ◉恐るべきダム埋没の実態
152 ◉原発は「悪」、水力は「善」の誤ったレトリック

第4章 日本は「原子力帝国」だった

158 ◉「プルサーマル不承認」をひっくり返した福島県
161 ◉なぜ、三号機のＭＯＸ燃料について報道がないのか
163 ◉「最終処分場は青森と福島で相談して決めろ」
165 ◉日本は「原子力帝国」だった
169 ◉フクシマと共に生きる「共生の思想」を
172 ◉福島の汚染土が送られてきた環境省
175 ◉原発誘致は地域振興にならない
178 ◉原発事故と「特定秘密保護法」
182 ◉ドイツ公共放送局の「フクシマの嘘」
185 ◉日本政府の被ばく対策は受け入れがたいほどひどい

第5章　私の東北学「光はうつくしまから」

◉東北はまだ植民地だったのか？　192
◉戊辰戦争の賊軍とされた会津藩　196
◉白虎隊と二本松少年隊　198
◉苛酷にすぎた「会津への処分」　200
◉福島の自由民権運動　205
◉「近代化」のもとで強いられた犠牲　210
◉「会津」に思う　212
◉安藤昌益が私の政治の原点　216
◉安積艮斎に学ぶ　220
◉光はうつくしまから　226

最終章　これからの福島と日本をどうすればいいか

二人の元総理、原発ゼロへ ◉ 235
瀬戸内寂聴さんと吉永小百合さん ◉ 242
歴史学者・朝河貫一の警鐘「変われぬ国は滅ぶ」 ◉ 244
「吾人は須らく現代を超越せざるべからず」 ◉ 248

参考・引用文献 ◉ 253

第1章

「原子力ムラ」との闘いの一八年

いま振り返ると、私の県知事時代の一八年間は「原子力ムラ」との対決の一八年間だったのだと思う。そして「道州制反対」の旗を掲げて地方分権の推進に努めた際も、同じく中央官僚たちとの闘いがあった。

「東北学」の第一人者、学習院大学教授の赤坂憲雄氏は震災後、「フクシマ」は中央政府と霞ヶ関の植民地だったのかと問いかけている。一八年間福島県政を預かり、地方分権を進めてきた身としてはそうは思わないのだが、仮に赤坂氏の言うようにフクシマが植民地であったのなら、その宗主国は誰なのか。それは政府と霞ヶ関、そして経済界であろう。こと原発だけを取り上げれば、政府・経産省・電力業界・巨大メディアからなる「原子力ムラ」がフクシマの宗主国となるだろう。

知事在任中、私はフクシマの代表として、県民の命と暮らしの安全を守るため、強大な宗主国との闘いをいやでも進めなければならなかった。

二〇一四年四月一一日、安倍内閣は中長期的なエネルギー政策の指針となる「エネルギー基本計画」を閣議決定した。原子力発電を「重要なベースロード電源」と位置付け、原発を再稼働させると宣言したのである。民主党前政権が掲げた「二〇三〇年代に原発稼働ゼロ」から大きく方向転換し、原発政策は完全に三・一一前に戻ってしまった。原子力ムラが復権したといってよいだろう。原子力ムラが巻き返しに成功したのである。被災したフクシマの住人のことなんか知ったことか、と言わんばかりである。民意を無視する暴挙と断じていいだろう。

ただ、安倍政権は原子力ムラのいいなりに行動しただけである。私から見ると、安倍首相は原発推進派のパペット、操り人形にすぎない。なぜ私がそう言い切れるのかを、一八年の長きにわたった私と原子力ムラとの闘いを振り返りながら示したいと思う。

「原子力ムラ」にいいなりの安倍政権

安倍首相は就任以降、「地球儀を俯瞰《ふかん》する外交」と銘打って全世界を駆け巡っているが、彼が力を入れていることの一つに原発の売り込みがある。トルコ、アラブ首長国連邦やベトナムへの売り込みに成功したのは、さぞかし鼻高々といったところだろう。

これを成長戦略の柱として、年間二兆円規模の輸出額をめざすのだという。二〇一四年一月の衆院本会議で原発輸出を進める理由を問われ、安倍首相は「原発事故から得られた教訓を、国際社会と共有することが日本の責務である」と答えている。盗人にも三分の理とは、まさにこのことである。

安倍首相は二〇一三年、トルコを二度も訪問し、三菱重工業や伊藤忠商事などの企業連合が原発四基の建設を受注することを決めた。トルコへの輸出は、安倍首相のトップセールスで決まったといえる。日本では原発依存度を可能なかぎり低減すると公約しながら、海外へ官民一体で原発を売り込んでいる。開いた口がふさがらないとはこのことだ。福島第一原発事故の収束の見通しがまるで立たないなかで、原発輸出を推進するのはあまりにも国民に対して無責任であり、いわんや福島の避難民一二万人に対する背信行為である。

とくにトルコは、日本と同様、世界有数の地震国である。過去半世紀に一〇〇〇人以上の死者が出た大地震が七回も発生している。一九九九年には首都イスタンブールを含む北西部でマグニチュード七・四の大地震が起き、実に一万七〇〇〇人以上の死者を出している。東日本大震災が起きて約半年後の一〇月にもトルコ南東部をマグニチュード七・二の大地震が襲い、多くの死傷者を出している。

そうした地震大国であるから、二〇〇〇年七月には、当時のエジェビット首相は一九九七年から進めていたアックユ原発の計画を白紙撤回した。また、福島第一原発事故の直後には隣国ギリシャのパパンドレウ首相（当時）がトルコのエルドアン首相（当時）に電話をかけ、トルコの原発計画を中止するよう要請したこともあった。そんな危険極まりない地域の国に原発を売り込んで、安倍首相は記者会見では喜色満面といった様子であった。

さらに懸念されるのは核拡散の問題である。今度のトルコとの協定では、日本が同意すれば、トルコはウラン濃縮や使用済み核燃料からプルトニウムを取り出す再処理ができることになっているのだ。日本は非核三原則の国ではなかったのか。これだけあからさまに原発（核）ビジネスに突き進む姿には慄然《りつぜん》とせざるをえない。

「スラヴィティチ五原則」――原発は国の責任

それにしても、事故の悲惨な経験まで売り物にする安倍首相の姿勢は、なりふり構わぬ経済至上主義であると同時に、信じがたいほどの倫理観の欠如と映る。道義的にも許されないことだろう。

原発事故の真の原因はまだ特定されていない。事故は収束どころか、メルトダウンした原子炉内部の様子さえわかっていない。むろん、廃炉経験だってない。そのノウハウを蓄積するのはこれから先のことである。それで安倍首相は、いったい何を世界と共有しようというのか。言葉だけが踊っている。

二〇二〇年オリンピック招致委員会で安倍首相は「フクシマはアンダーコントロール」と大見得を切ったが、これも信じられないほど言葉が軽い。世界の誰もそれを信用していない。福島第一原発では今も汚染水漏れが続いている。放射能除染も遅々として進まない。世界はそのことを知っている。

二〇一三年三月、福島の地元住人八〇〇人が国と東京電力を相手取り、原状回復と慰謝料を求めて福島地裁に提訴した。その後賛同者が増え、二〇一四年四月現在で原告は約二六〇〇人まで膨らんだ。二〇一四年三月の第五回の口頭弁論で被告の東電は「完全な除染は莫大な費用がかかり、一企業での実現は不可能」と答弁、除染は「完全にはできない」と開き直ったのである。

東電の無責任さにはあきれるばかりだが、一〇〇パーセントの除染が「できない」というのは事実だ。一企業には手に負えないというのも本当のところだろう。被災者にとっては許しがたい開き直りだが、言っていることは嘘ではない。数々の情報隠しと嘘を重ねてきた東電だが、こういう場面では本当のことを言うようだ。ご都合主義も極まれりというしかない。

除染は国が全責任をもってやるしかないのである。原発の管理は国が前面に立つ。これは世界の常識である。

二〇〇六年三月、チェルノブイリ原発から五〇キロほど離れた、事故対策のためにつくられた人工都市スラヴィティチ市で、チェルノブイリ事故二〇周年を記念して国際会議が行われた。そこで決議されたのが「スラヴィティチ基本原則」である。

その中に掲げられた「スラヴィティチ五原則」の中に、第一項として原子力発電に関わる国の責任が明確に定められている。その全文を記しておこう。

「原子力産業は複雑で危険な工程を伴うため、特にエネルギー技術にまつわる重大問題への対処や原子力発電所の立地、安全については政府が本質的に責任を負う。政府は本分野における主たる責任を他に委任することはできない。

世界規模の原子力安全管理は、各国政府が国際規範に即して原子力安全を統合的に確立して初めて可能になると考えなくてはならない。また、長期防災政策において考慮すべき初歩的段階、かつ不可欠な教育および科学的研究に要する資源の調達を行うことができるのは、各国政府のみである」

安倍首相は、この「スラヴィティチ五原則」を十分に理解しているのか？　東電に除染を丸投げしている場合ではないのだ。

「原子力ムラ」とはなにか

安倍首相を背後で動かしているのは、強大な利権集団と化した原子力ムラの面々である。私が知事在任の途中から原子力政策に疑問を抱き、情報公開を求めて異議を申し立て、最後には真正面から闘うことになった相手である。

その構成メンバーは経済産業省、原発関連企業、電力会社、政治家、学者、メディアそして検察権力。原子力行政がもたらす巨大な利権にぶら下がっているプレイヤーたちとその応援団だ。

原子力ムラのどこが、どう悪いのか？　少し難しくなるが、経済学の学説を引用してみたい。

経済学の一分野に「公共選択論」というものがある。そこで語られているのは、政治プロセスのなかでは各プレイヤーによる私的な利益追求（レントシーキング）が極限まで行われ、「政治は正しく立案され実行されるとは限らない」ということである。

「政治プロセスで各プレイヤーが自らの利己的利益を最大化しようとする結果、企業（産業）が追求する政治的権益をめぐって政治家（政党）、官僚、企業（産業）の三者の結託が始まる」（『日本再生最終勧告』加藤寛著・ビジネス社）。これを「鉄のトライアングル」と呼ぶのだそうだ。

知事在任中、私が向き合ったのが、この巨大な「鉄のトライアングル」だった。福島第一原発をめぐるさまざまな問題に真摯に対処するうちに、私はいつの間にか彼らとの闘いに巻き込まれていった。その長い闘いのさなかに、私は身に覚えのない収賄事件をでっち上げられ逮捕、起訴された。公判では検察側の不当なでっち上げが次々に暴露されてほぼ無罪が見えてきた。ところが、東京高裁では「収賄額ゼロ円」という前代未聞の有罪判決を受けたのである。収賄額ゼロ円なら、当然無罪のはずである――。

私の収賄事件の真相は、宗主国の原子力ムラが、言うことを聞かない植民地の首長に業を煮やし、検察を動かして抹殺を図ったということである。鉄のトライアングルに刃向かったものへのお仕置き、見せしめにもしたかったのであろう。

牙を剝《む》いたのは彼らのほうだ。彼らは、いざとなったら手段を選ばない。一緒に逮捕された私の弟を取り調べた東京地検特捜部の森本宏検事は、こう弟に言った。

「知事（私のこと）は日本のためにならない。いずれ抹殺する」

担当検事自ら、国策捜査であることを公言したのだ。なお、この森本検事の上司にあたる次席検事はその後最高裁の判事に就任し、あろうことか、私の公判を審理する最高裁第一小法廷の担当裁判官となる。これも信じられないことである。検察と裁判所のいびつなつながり。一つの事件の起訴・不起訴を判断した検察官が、その裁判の裁判官となる。まさに、違法裁判、無法国家そのものである。

にわかには信じられないかもしれないが、これが日本の司法権力の真の姿なのである。私はある日突然、知事辞任を余儀なくされ、その後はメディアから袋叩きにされ、葬り去られた。

私は、その利権集団との闘いの一部始終を『知事抹殺―つくられた福島県汚職事件』（平凡社）と『福島原発の真実』（平凡社新書）に記して、私の摩訶不思議な汚職事件と国の原子力政策が不可分につながっていたことを明らかにした。

詳しくはそれらをお読みいただければと思うが、原発立地県の首長として、県民の安全と命を守るため、国と東京電力の原子力政策にどのように対峙してきたかを以下にかいつまんで話したい。

闘う知事として

一九八八（昭和六三）年九月、私は参議院議員から福島県知事に転身した。以降、五期一八年にわたって福島県政を預かってきた。真の地方自治の確立を掲げ、道州制の導入に強く反対し、一方で過疎地域の振興に目を配り、霞ヶ関・永田町の中央集権体制と対峙しただめに、「闘う首長」などとも呼ばれた。全国知事会を「闘う知事会」に変身させた一人でもある。

私が掲げた政策の主なものは、そのほとんどが中央政府と対峙する内容であったといっていい。

一つ目は、男女共学（男女共同参画社会の礎として）。

二つ目は、道州制反対。

三つ目は　地方分権の推進と市町村合併反対。

四つ目は、大店法の廃止反対。

まず私は、最近安倍政権がとってつけたように唱える「女性の活用」を、はるか以前に男女共同参画社会づくりとして実践してきた。具体的には全県の高校をすべて男女共学にした。一口に「男女共学」といっても、同じ校舎に男女の高校生を一緒にすればいいというう単純なものではないし、現実に課題も多い。たとえば「男女混合名簿」。名簿をつくれば男女平等になるのか、といった指摘から始まって、「男女七歳にして席を同じゅうせず」で育った保守的な方たちの反発も強かった。でも私はそれを実行に移してしまった。そのことを当時の内閣府の女性政務官に話したら、彼女がどういうわけか怒り始めたのである。これには私も驚いてしまった。彼女の本音は、男女共学はあまり望ましくないということだったのである。その元女性政務官は現在、安倍政権の閣僚に収まっている。

二つ目の道州制反対についてはまた後で述べるが、当然のことのように、地方の役人は東京の官庁にお伺いを立てにしょっちゅう上京するが、道州制を敷けば東北ではそれが東京から仙台に変わるだけである。乱暴に言うと道州制の中身はそんなものである。そこでは、自然環境を守るという過疎地の大事な役割や住民の存在などまったく無視されている。どんな美辞麗句を並べられても、私は道州制に真っ向から反対してきた。地方が壊れる、ひいては日本が壊れるからである。

三つ目の地方分権推進と市町村合併反対も、それとほぼ同じ文脈から発している。国から平成の大合併の方針が発せられたとき、私は県下の首長に「いやなら、無理に合併しなくてもいい」と指示した。中央官僚には「反旗」と映ったことだろう。ちなみに私は「全国過疎地域自立促進連盟」の会長を長く務め、過疎地域の活性化はライフワークでもある。安倍政権は今ごろになって「地方創生」と言っている。地域の活性は、住民の自立から始まるのである。

四つ目の大店法の廃止反対では、私は実際に県下のある町への大型店の進出を止めた。町の小さな商店街が大打撃を受け、やがて消滅するのが目に見えていたからである。商店主のほとんどは高齢者である。せめてこの人たちがリタイアするまでの一〇年間、大型店の出店を止めてやろうと思って実行に移した。

こうした政策の実現は困難もあったが、知事の権限は大きい。知事が決断すれば、たいていのことはできるのである。敵も多かったが、知事在任中、私はこの四つの政策を着実に実行に移してきた。

さらに知事在任中の私の闘いの相手は、もっぱら「原子力ムラ」と呼ばれる政財官学の利権集団であったといっても過言ではない。それも私のほうから仕掛けた闘いではなかった。原発立地県において地域住民の安全を追求すればするほど、原子力ムラが先鋭的に対応してくる。こちらも、正論で真正面からぶつかる。その繰り返しであった。

お断りしておくが、私は元からの脱原発論者ではない。まして「反原発」ではない。むしろ原発に対しては露ほどの疑念も持たない人間だったことを正直に告白しておく。小泉純一郎元首相を引き合いに出すまでもなく、「原発は安全」と信じ込まされていたのである。その私が、どうして原発はダメという結論を得るに至ったのか。

その過程を包み隠さず話し、「原子力ムラ」の非人間性と反社会性、ならびにその犯罪性を改めて世に問いたいと思う。私は「国のためにならない」として国策捜査の罠《わな》にはまり、抹殺されたが、「国のためにならない」のは、原子力ムラのほうではないか。それを誰よりも知るのは日本国民である。国民の半数以上が原発の再稼働に反対している。

国の原子力行政がいかに日本の政治と文化と暮らしを毀損《きそん》してきたかを、県知事時代の私の闘いを通して理解してもらいたいと思う。民意を無視した原子力ムラの暴走を、これ以上許してはならない。何としても止めねばならない。日本の未来、とくに地域の未来は「脱原発」の先にある。

知事になってわかった東電の隠ぺい体質

私は、知事在任の途中から原発に対して批判的な姿勢をとるようになった。勉強不足だったというしかないが、それまでは「原子力は安全」という東京電力や国の話を信じ込んでいたのだ。それが揺らいできたのは、知事になって国や東京電力に〝都合の悪いことを隠そう〟とする体質があることに気づいてからである。

知事に就任した翌年の一九八九（平成元）年正月、福島第二原発三号機の冷却水再循環ポンプの部品が外れて、三〇キログラムもの座金やボルトなどが原子炉内に落ちるという重大な事故が起きた。しかしそれが、東電から地元に伝えられたのは一週間も経ってからだった。

この事故の国際評価尺度は「レベル2」だった。双葉郡内の町議が「あれから原発事故はあるのだな」という認識を持つようになったと言っていたが、思えば私もこの事故が原体験となった。平成時代の幕開けは原発問題の幕開けとともにやってきたのである。

前述の「スラヴィティチ五原則」の第四項「透明性と情報」にはこう定めてある。

「広範で継続的な情報アクセスが確立されなければならない。国際機関、各国機関、原子力事業者、発電所長は、偽りのない詳細な情報を隣接地域とその周辺、国際社会に対して提供する義務を有する。この義務は平時においても緊急時においても変わることはない」

情報を平時・緊急時を問わず全面的に開示せよと言っているのである。

もっとも大事なことは「一番大切な立地町にどのように事故の情報が伝わったのか」で

ある。隠ぺいや遅れは許されない。

あのときは正月で仕事が休みだったこともあるが、事故が起きたときに私が感じたことは、情報伝達の順序が逆転してはいないかということだった。地元に事故の連絡がくるよりも前に、まずは東京に連絡が行き、その後に県に来て、地元の町長へは、さらにその後であった。

原発に一番近く大変な影響を受ける町には、ぐるりと回って最後に情報が伝わる。福島第二原発→東京電力本社→通産省（当時）→資源エネルギー庁→福島県庁→立地町、という順である。第二原発の地元富岡町と楢葉町へは最後に事故情報がもたらされたのである。

このとき、当時の山田荘一郎富岡町長が「隔靴掻痒《かっかそうよう》」という言葉を使った。すぐそばで原発事故が起きても「靴の上からでは、いくら掻《か》いても痒《かゆ》みが治まらない」ように、地元では何も手を出せなくもどかしい、という意味である。私はこの言葉を今でも鮮明に憶えている。

そのころ、私はまだ県知事に就任したばかり。参議院議員時代に、福島原発の事故が続けて起きたときに商工委員会で質問した程度で、今では不明を恥じるばかりだが、原発に関してあまり深い認識はなかったのである。

東京電力の藤井祐三副社長が県庁に来て事故の謝罪と説明をした。ところが藤井副社長が、「再循環ポンプの約三〇キログラムの金属は、そう簡単に回収し切れるものではない。（炉心に）残っているが安全だ」という話をしたものだから、県議会が怒った。

確かに一番下に水があるわけで、そこに落ちてしまっているとすれば技術的には安全なのかもしれない。しかし、炉心に三〇キログラムもの金属片があるのに安全だと言われても、とても承服できない。そのとき認識したのは、安全と安心は別なのだということ。どんなに安全だといわれても、地域住民にとっての安心は別だということである。

私はそのとき、「国→県→市町村→住民」という情報伝達の流れを、「住民→市町村→県→国」の流れに変えないといけないと考えた。そこでもっとも重要な役割をするのが県と県知事だ。それを十分に認識しながら、情報の流れるベクトルを変えていかないと住民の安全と安心は守れないと痛感したのである。

国も同じ穴のムジナ

一九九三（平成五）年四月。知事に就任して五年目であった。東電から、福島第一原発の使用済み燃料の共用プール設置を認めてほしいと事前に要請がきた。使用済み燃料のプールがいっぱいになったので共用プールを増設したいという。

原発の危険性についてはまだまだ勉強不足のころである。県庁の原子力安全対策課の説明も聞き、問題ないと判断した。ただ、原発敷地がいつまでも使用済み燃料の置き場所になっては困る。使用済み燃料は、まさに「トイレなきマンション」の象徴で、こちらとしては仮にそこに溜めておくだけという認識だし、東電もそのように説明した。

東電を信用しないわけではないが、原子炉部品の滑落事故の先例もある。国に対して「いつ持ち出すのか」と確認することにした。そうすると、当時の通産省（現経産省）の課長がやってきて、「使用済み燃料は溜まり続けるが、二〇一〇年に再処理工場（もんじゅ）が稼働を始めるので、その時点から持ち出しはじめ、以降貯蔵量は下がっていく」と核燃料サイクルをグラフに書いて説明し、約束したのである。私はそれを受け入れ、共用プール増設の許可を出した。

ところが、その半年後に発表された国の原子力委員会の長期計画の中では、「二〇一〇年に、再処理に関する方針を検討する」となっていたのである。「持ち出す」が「持ち出しを検討する」とすり替えられていた。役人用語で「検討する」は「やらない」と同義である。たった半年で、課長との約束が反故にされたのである。

東電と約束しただけでは何となく不安で、間に国を入れたのである。ところがどうだ。中央政府と地方政府が約束したことが半年で反故《ほご》にされてしまったのである。これが原子力ムラの体質なのか。非常にショッキングな出来事だった。

その後、東電がまた同じ要請をしてきた。「ある人から五〇〇〇円貸してくれと無心されて貸したとして、その五〇〇〇円を返してもらえないうちに、また五〇〇〇円貸してくれと来られたら、あなただってウンとは言わないでしょう」と言って、要請を断った。

そのとき、この世界は何なのか？　と大きな疑問を抱いた。通産省の課長が約束したことでさえ守らないということは、共用プール設置了解の要請を出した時点で課長がウソをついていたのである。初めからだますつもりだったということだ。

原発内で起きたトラブルや故障の情報を速やかに地元に伝えず、公開もしない。それは東電だけの体質かと思っていたら、二〇〇〇（平成一二）年のことだが、原発の技術者が部品の損傷を通産省に内部告発したことがあった。同省はこの告発を二年間放置し、なんと告発者の情報を東電に教えていたのである。

ここで初めて私は、原発問題については、国も東電も「同じ穴のムジナ」と思い知り、原発立地県である福島県民の安全は、福島県自身で守るしかないと覚悟を決めた。

小冊子『あなたはどう考えますか？　～日本のエネルギー政策～』

そのためにまずは、あらゆる情報を県民と共有する必要がある。そこで私は、二〇〇一年五月、「県民の意見を聴く会」を皮切りに、福島県エネルギー政策検討会を立ち上げ、

『あなたはどう考えますか？～日本のエネルギー対策』
―福島県エネルギー対策検討会「中間とりまとめ」―

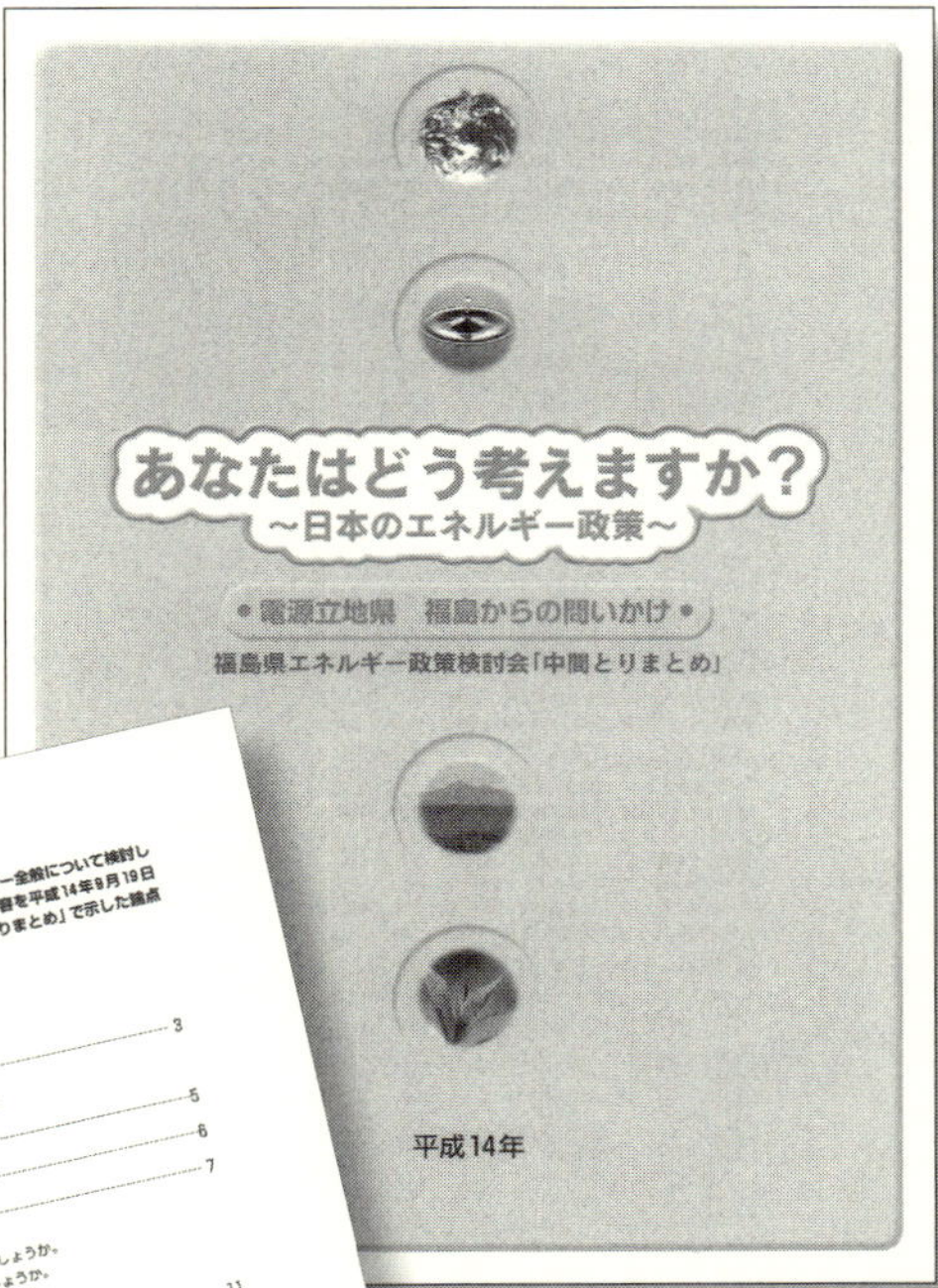

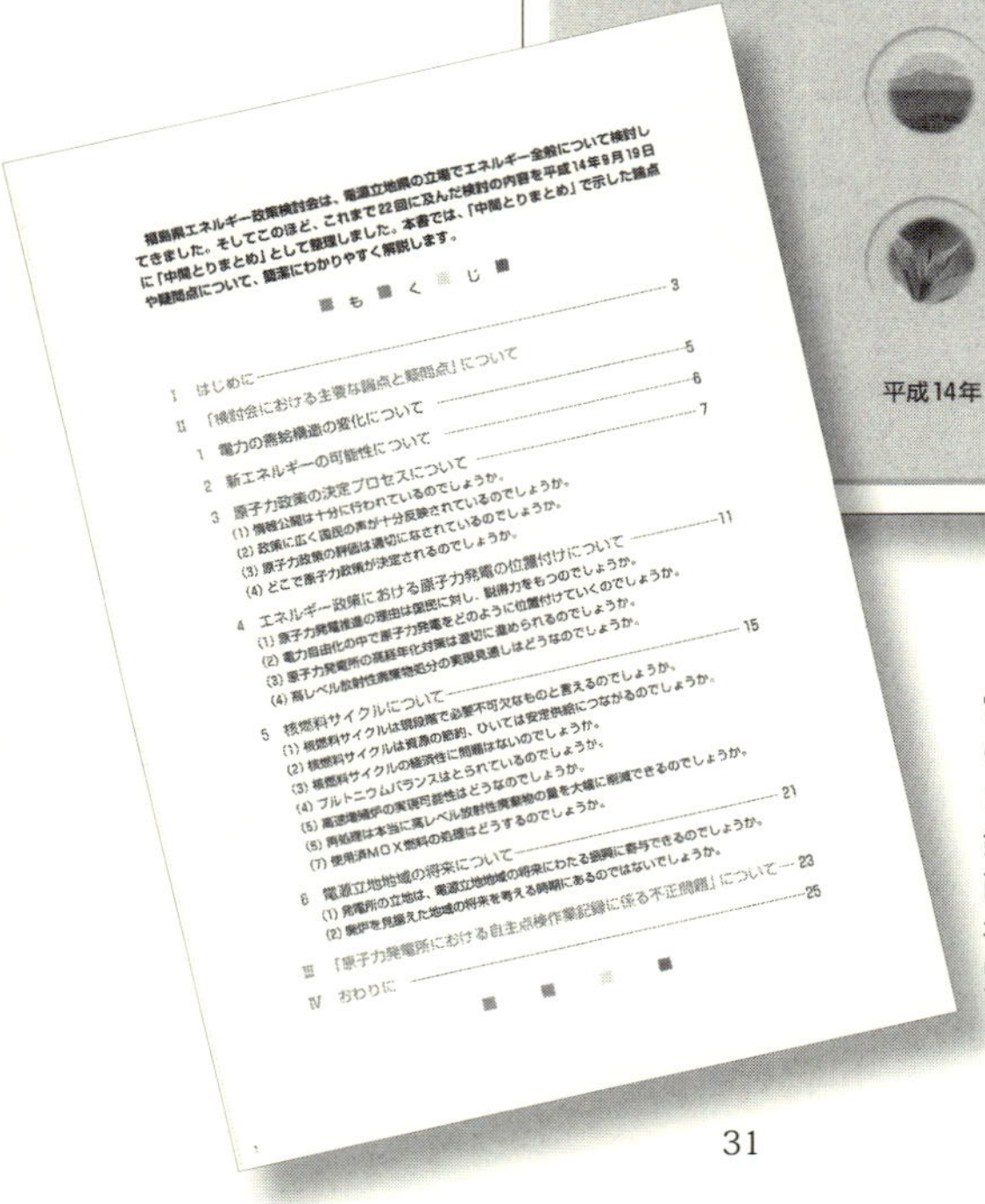

福島県エネルギー政策検討会は、電源立地県の立場でエネルギー全般について検討してきました。そしてこのほど、これまで22回に及んだ検討の内容を平成14年9月19日に「中間とりまとめ」として整理しました。本書では、「中間とりまとめ」で示した論点や疑問点について、簡潔にわかりやすく解説します。

Ⅰ　はじめに……3
Ⅱ　「検討会における主要な論点と疑問点」について……5
1　電力の需給構造の変化について……6
2　新エネルギーの可能性について……7
3　原子力政策の決定プロセスについて
(1) 情報公開は十分に行われているのでしょうか。
(2) 政策に広く国民の声が十分反映されているのでしょうか。
(3) 原子力政策の評価は適切になされているのでしょうか。
(4) どこで原子力政策が決定されるのでしょうか。
4　エネルギー政策における原子力発電の位置付けについて……11
(1) 原子力発電推進の理由は国民に対し、説得力をもつのでしょうか。
(2) 電力自由化の中で原子力発電をどのように位置付けていくのでしょうか。
(3) 原子力発電所の高経年化対策は適切に進められるのでしょうか。
(4) 高レベル放射性廃棄物処分の実現見通しはどうなのでしょうか。
5　核燃料サイクルについて……15
(1) 核燃料サイクルは現段階で必要不可欠なものと言えるのでしょうか。
(2) 核燃料サイクルは資源の節約、ひいては安定供給につながるのでしょうか。
(3) 核燃料サイクルの経済性に問題はないのでしょうか。
(4) プルトニウムバランスはとられているのでしょうか。
(5) 高速増殖炉の実現可能性はどうなのでしょうか。
(6) 再処理は本当に高レベル放射性廃棄物の量を大幅に削減できるのでしょうか。
(7) 使用済MOX燃料の処理はどうするのでしょうか。
6　電源立地地域の将来について……21
(1) 発電所の立地は、電源立地地域の将来にわたる振興に寄与できるのでしょうか。
(2) 廃炉を見据えた地域の将来を考える時期にあるのではないでしょうか。
Ⅲ　「原子力発電所における自主点検作業記録に係る不正問題」について……23
Ⅳ　おわりに……25

電源立地地域、福島からの問いかけとしてまとめた国の原発政策に対する鋭い問題提起。関係各方面に大きな影響を及ぼす。福島県のHPで現在も閲覧可能。

二二回の会議を重ねた。そしてその内容を、二〇〇二年九月に、『あなたはどう考えますか？～日本のエネルギー政策～　電源立地県　福島からの問いかけ』という小冊子にまとめ発表した。私は友人に無邪気と評されるくらい、日本は民主主義国家であると信じていたから、情報公開は当然のことであった。

小冊子の中身は、今まで曖昧模糊《あいまいもこ》として誰にもよくわからなかった国のエネルギー政策や原子力政策、核燃料サイクルなどの問題点がきれいに整理されてまとめられ、大変好評を得た。

小冊子で、検討会の議論は次のようにまとめられた。

○科学技術を真に人間社会を豊かにするものとするためには、科学技術を人間や社会に関連づけて考える視点を持つとともに、住民においても、自治体においても、中央依存から脱却し、自ら情報を得る努力と自ら判断し、行動することが求められている。
○この基盤となるのは徹底した情報公開と意思決定過程の透明性の確保である。
○県としては、このような基本的認識のもと、本来国策であるエネルギー政策全般、とりわけ原子力政策について電源立地地域の立場から検討を進めてきた。その過程で、様々な疑問点が浮かび上がってきたが、今回明らかになった自主点検作業記録に係る不正問題は、その疑問点が、まさに現実のものとなって顕在化したものであると考える。
○こうした状況を踏まえると、原子力発電の健全な維持・発展を図るためには、国は、今回の問題を契機に、かたくなに既定の方針に固執するような進め方を止めて、原点に立ち返り、あるべき原子力政策について、真剣に検討すべき時であると考える。
○そして、平成八年の「三県知事提言」以降、再三にわたり指摘してきたように原子力発電所立地地域の住民の立場を十分配慮しながら、徹底した情報公開、政策決定への国民参加など、まさに新しい体質・体制のもとで今後の原子力行政を進めていくべきではないか。
○とりわけ、核燃料サイクルについては、一旦、立ち止まり、全量再処理と直接処分等、他のオプションとの比較を行うなど適切な情報公開を進めながら、今後のあり方を国民に問うべきではないか。
○最後に、国は、我々の意見に謙虚に耳を傾け、自らの責任と権限のもと、我々の示した疑問点等について国民に説明責任を果たしながら、これまでの流れにとらわれない、新しい原子力政策の具体像を国民の前に明らかにし、国民の理解・信頼さらには安全・安心に裏打ちされた原子力行政を進めるよう期待する。

経産省や東電にとっては、のど元に匕首《あいくち》を突き付けられたような気分だったのではないか。「あなた方のやり方は間違っている」と正面から突き付けられたも同然だから。とくに、核燃料サイクルについて根本的な疑義がぶつけられたことで、彼らは危機感を覚えたのではなかったか。

この検討会の提起が思わぬところに波及した。小冊子に刺激されたのか、当時の経産省の若手官僚四人が原発政策の見直しを求めて立ち上がったのである。二〇〇四年三月、彼らは「一九兆円の請求書〜止まらない核燃料サイクル」という大変刺激的なタイトルの資料を作成し、省内で配布、大騒動となったのである。

その資料は、国の原子力政策に真っ向から刃向かう内容だった。「政策的意義を失った一九兆円（果ては五〇兆円）ものお金が国民の負担に転嫁されようとしている。核燃料サイクルについては一旦立ち止まり、国民的議論が必要ではないか」——それがこの爆弾資料の結論だった。核燃料サイクルはムダだと言っているのである。

私はこのことを後になって、週刊朝日の「上質な怪文書・一九兆円の請求書」（二〇〇四年五月二一日号）という記事で知った。そのときの総理大臣が、今や脱原発の旗振りをする小泉純一郎氏だったということも皮肉な話である。

残念ながら、若手官僚のクーデターは不発に終わる。省内の原発推進派の巻き返しに遭ったのである。四人はほかの部署に配転された。この「一九兆円の請求書事件」については、後でさらに詳述する。

美浜原発の事故と柏崎刈羽原発の活断層

二〇〇四年八月、関西電力の美浜原発三号機が過去最悪の事故を起こした。二次冷却系配管（直径五六センチ）の一部が幅最大約五七センチもめくれる大きな破裂を起こし、死傷者一一名を出したのである。

そのときも関西電力は東電の場合と同じように、「大丈夫だ」と早めに事を収めようとした。

重大事故防止にかかわる専門用語に「水平展開」というものがある。私は、原発事故の原因は、この「水平展開」をしなければならないと考えていた。リスク情報を包み隠さず他社にも流すという「水平展開」は、飛行機事故の原因や教訓の共有化で有名な言葉でもある。

そして、労働災害における経験則の一つとして知られるのが「ハインリッヒの法則」である。「同じような原因による大事故・中事故・小事故の発生比率は、一対二九対三〇〇。

小事故に潜む危険要因を摘出して、それが事故にならないような対策を速やかに実施しておけば、大事故を未然に防ぐことができる」というのがその教えだ。

飛行機事故が起きれば、その情報は全部出してもらう代わりにミスは問わない。飛行機は墜落すれば、ほとんどの場合、乗客・乗員全員死亡となるので、安全に対しての水平展開のシステムがしっかりできている。

原発も当然、それ以上の犠牲が出るのだから水平展開するものだと思っていたら、美浜原発でも福島と同じような事故が起きてしまった。東電で事故があったのに、なぜ関西電力では水平展開していないのかといぶかしく思った。

考えてみると、JALもANAも会社は別だが水平展開という理念を大切にしている。東京電力と関西電力も別会社だが、ここでは水平展開していない。それは、どちらも超大企業だからかなどと考えたりもしたが、いずれにしても、福島の事故の教訓は水平展開によって生かされることなく、美浜原発事故が起きてしまった。従業員と住民の安全は置き去りにされたままである。

二〇〇七年七月一六日、新潟県中越沖地震が起きた。東電の柏崎刈羽原発が被災して、三号機で火災が発生した。これも、重大事故だった。このとき国は初めて、原発敷地の下の活断層の存在を発表した。東電もこれを追いかけて「二年前に原子炉の下に活断層があることを国に報告している」と発表した。

つまり、なんのことはない、中越の原子炉の下に危険な活断層があることを知らなかったのは新潟県民だけだった。そのことを、新潟日報が地震後の同年一一月七日の社説に「柏崎原発活断層 重大事実をなぜ隠すのか」として詳しく書いている。そのとき私は「国がもっとも悪い。国こそムジナだ」と痛感した。

核燃料サイクルは成り立たない

一九七〇年代から、原発から出る使用済み核燃料をどう処分するかは国家的な課題となっていた。原発の軽水炉でウランを燃やすと、核分裂反応でウランとプルトニウムが発生する。プルトニウムは核兵器に転用可能であり、これが日本で増えていくことを、原子力協定を結んだ米国も含む世界各国が問題視していたのである。唯一の被ばく国である日本国民からすると、日本の核武装はありえない話であるが、世界の目はそう単純ではない。安全保障上の大きな脅威と映るのである。

行き場のない核のゴミ問題とプルトニウム問題を同時に解決する妙策として登場したのが、高速増殖原型炉「もんじゅ」(福井県敦賀市)による「核燃料サイクル構想」であった。

その内容はこうだ。

「使用済み核燃料中に一パーセントほど含まれているプルトニウムを再処理で取り出し、二酸化プルトニウムと二酸化ウランを混ぜてプルトニウム濃度を高めたMOX燃料(Mixed Oxide Fuel)を作る。炉の中で高速中性子を使って、MOX燃料の中のプルトニウムの核分裂反応を起こさせることで、そのままでは核分裂を起こさないウラン238をプルトニウム239に換えて高出力を取り出すことができ、また一〇パーセントほどの燃料の節約になる」

まさに〝夢のような〟核リサイクルプランであり、国も大々的に「夢のエネルギー」とこれを宣伝し、九〇年代後半から増殖原型炉「もんじゅ」で繰り返し実験を行っていた。もし高速増殖炉が実用化すれば、使用済み燃料を青森県六ヶ所村に建設された再処理工場で再処理し、全国につくられるだろう実用型高速増殖炉で使えば、ウラン資源のリサイクルが現実のものとなる。これが原子力ムラが切り札として出してきた核燃料サイクル構想であった。

しかし、後でわかったことだが、「もんじゅ」は最初からその実現が疑問視された困難な技術だった。アメリカもフランスも高速増殖炉による核燃料サイクルについては技術的にむずかしいとして、計画の推進を断念している。日本だけが必死になって〝夢の技術〟の実現にしがみついていたのである。

知恵の菩薩、文殊菩薩にあやかって命名された「もんじゅ」の歴史を簡単に振り返ると、建設完了は一九九一年五月。その建設にかかわったのは三菱重工、東芝、日立製作所、富士電機システムズの四社である。建設費用は、五九三三億六五六五万円（うち政府支出四五〇四億円）とされる。同年に試運転を始め、九四年の四月に臨界達成、翌九五年八月に発電を開始した。

しかしそのわずか四カ月後の一九九五年一二月、「もんじゅ」は、配管から冷却用のナトリウムが漏れるという重大事故を引き起こした。このとき運営主体である動燃（動力炉・核燃料開発事業団）は事故を軽く見せかけようとして、事故の様子が映っているビデオを隠した。ここでも、八九年の福島原発事故と同じような情報隠しが行われたのである。

しかしメディアに厳しく追及され、動燃はしぶしぶビデオを公開した。けれどそのビデオは事実を一部隠ぺいすべく細切れに編集されたものであることが判明し、動燃はさらなる批判にさらされた。このとき、メディアへ嘘のレクチャーをした動燃の総務部次長が自殺するという痛ましい事件まで起きて、「もんじゅ」に対する信用は完全に失墜するのである。この「自殺事件」について、共同通信が次のように報じている。

うそ会見強要で自殺と提訴　動燃次長の遺族が賠償請求

高速増殖炉原型炉もんじゅのナトリウム漏れ事故をめぐり、動力炉・核燃料開発事業団（動燃、現核燃料サイクル開発機構）のビデオ隠し問題の内部調査中に自殺した総務部次長、西村成生さん＝当時（49）＝の妻らが「自殺したのは会社にうその記者会見を強要されたのが原因」として、同開発機構に約1億4800万円の損害賠償を求める訴訟を13日、東京地裁に起こす。西村さんは事故の約1カ月後の1996年1月13日未明に自殺した。訴えによると西村さんは動燃が事故直後の現場を撮影したビデオを当初公開しなかった問題の内部調査を担当。自殺前日の記者会見では、本社がビデオ隠しに関与していることが判明した時期について、調査結果よりも約2週間後の「1月10日」とうその説明をした。遺族側は、西村さんが重要な会見で自分の判断に基づいた発言をすることは考えられず、動燃が虚偽発表を指示したと指摘。内部調査や記者会見の発言強要などで西村さんを精神的に追いつめたと主張している。

2004／10／13【共同通信】

この裁判は、一〇年以上経た現在もまだ継続している。西村さんの奥様とは私もお会いしたことがあり、事件の経過をこと細かに説明していただいた。

以降、今日まで「もんじゅ」は一度も稼働していない。巨額の国費を費やして二〇年間も止まったままの「もんじゅ」。これを国家規模の詐欺といわずして、なんというのであろう。文殊菩薩は巨獣である獅子を足元にひれ伏させているが、「もんじゅ」そのものが制御の利かない暴れ獅子であったとは洒落にもならない。このまま静かに眠らせておくのがいちばんいい。

ちなみに安倍内閣は、二〇一四年五月に閣議決定したエネルギー基本計画の中で、「もんじゅ」の基本的な役割を「核のゴミ減容化の研究拠点」に転換させて、まだまだ「もんじゅ」を生きながらえさせようとしている。現実離れした愚かな策としかいいようがない。ともあれ、「もんじゅ」の事故は命の犠牲まで出してしまった。暗澹《あんたん》とすると同時に、「これは、おかしい。事故そのものの裏に何かある」と、私は原発・原子力行政の統制能力に無理があるのではないかと直感した。

プルサーマルをめぐる国の不実

核兵器（原爆）転用が可能なプルトニウム。日本は現在、すでに原爆数千発分の量を保有し、国際社会から厳しい目を向けられていることは前に述べた。そんな中で青森県の下北半島にある再処理施設で使用済み核燃料の再処理が進めばプルトニウムはさらに増える。

核燃料サイクルの概念図

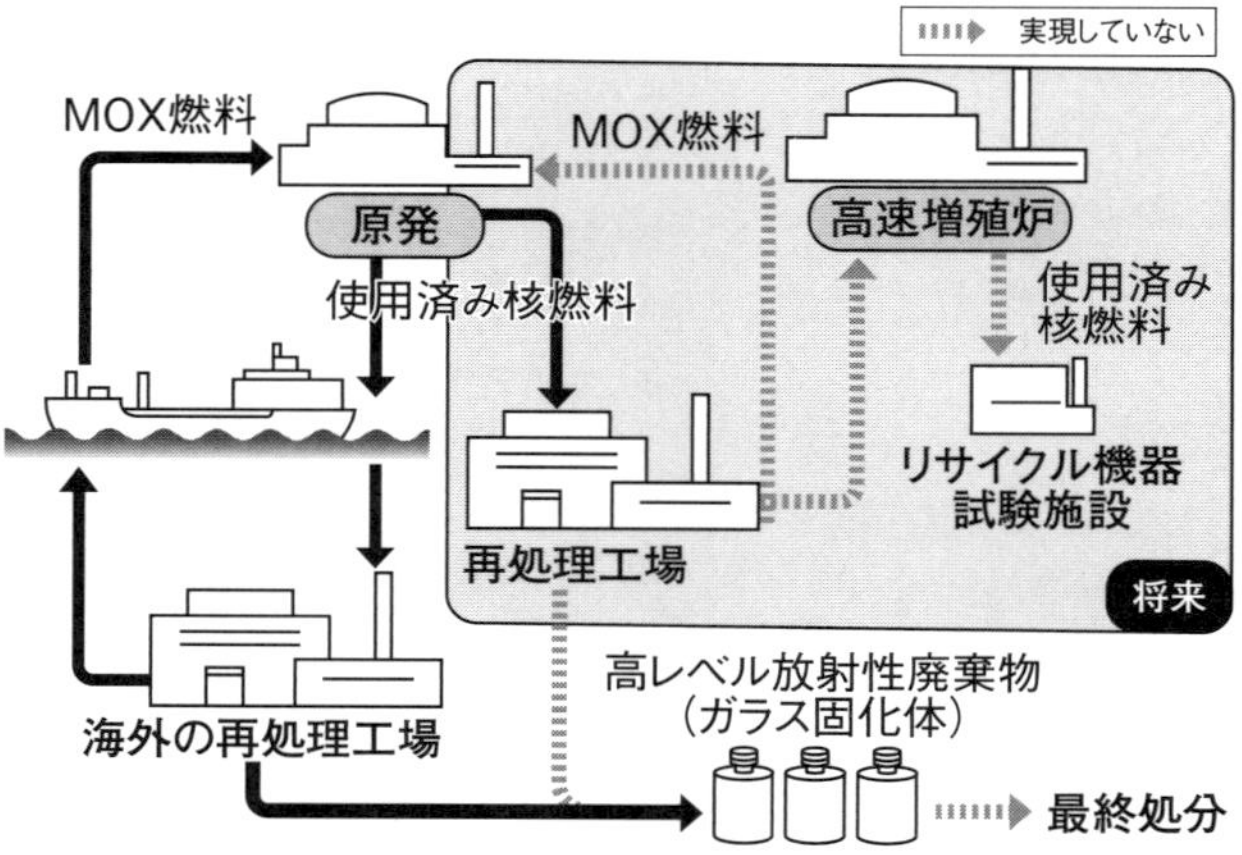

出典：『東京新聞』

何とか減らさなくてはならない。そこで考えられたのが、既述のＭＯＸ燃料を一般の原発で再利用するプルサーマル発電だ。

国がプルサーマル発電の話を最初に持ちかけた相手がわが福島県であった。「もんじゅ」の事故から約一年経た一九九七年二月、福島・新潟・福井三県の知事が通産省に呼ばれて、佐藤信二通産相と近岡理一郎科学技術庁長官から原子力政策の転換を告げられた。軽水炉でプルトニウム燃料（ＭＯＸ燃料）を燃やす「プルサーマル計画」を積極的に推進することを閣議決定したというのだ。

実はこれに先立つ一年前に、「もんじゅ」の事故を受けて、福島・新潟・福井の三県の知事で国に対して原発政策にかかわる申し入れを行い、橋本龍太郎首相以下、関係大臣に対して「提言書」を提出した。その大筋の内容は、高速増殖炉を中核とする核燃料サイクルの今後のあり方など原子力政策の基本的な方向を、国民の幅広い合意形成を得て決定するよう国に対して釘を刺すものであった。「もんじゅ」事故の愚は二度とごめんだと。

このとき私は橋本首相に対して「ブルドーザーのように、『そこのけ、そこのけ』と原子力政策を進める第一期から、第二期の新しい原子力の時代に入ってください」と申し上げた。

その三県知事による提言書に対する事実上の回答が、この「プルサーマル計画の積極的推進」だったのである。三県知事の提言は見事に無視された。ゼロ回答といってよい。私たちが求めた原発政策の全体像は示されなかった。

日本ではプルサーマルは行わないというのが原子力政策の基本であった。その重大な国策を一八〇度転換するわけである。われわれ立地県にはなんの相談もなかった。決めたから、やってよ、ごちゃごちゃ言わないで。まさに「そこのけ、そこのけ」である。

そのプルサーマル実施計画では、まず東電と関電で二基ずつ、計四基でスタートさせたいとなっていた。国から話があった翌月、東電の荒木浩社長が県庁に私を訪れ、「最初に福島第一原発三号機で実施したい」と申し入れてきた。

荒木社長の説明を受けながら、私は落胆と憤りを強く感じた。「だまし討ち」で福島第一原発の使用済み核燃料共用プールは増設され、原発敷地から持ち出されないまま使用済み燃料は溜まっていく。そんな住民の不安を置き去りにしたまま、プルサーマル計画を見切り発車させようというのだ。なにより、プルサーマルに使われるMOX燃料はウラン燃料より融点が低く、制御棒の効きが悪いという欠点があり、安全性も疑わしい。実験炉「もんじゅ」の事故が示すように施設の信頼性も大きく損なわれたのである。

残念ながらこのとき、私たちにきっぱり断るという選択肢は与えられていなかった。なにしろ、閣議決定された国策なのである。地方自治体にそれをひっくり返す権限はない。県として、どう対応するか。それが問題だった。

余談になるが、後年、国立国語研究所の「日本の言葉（ことのは）」の中に、歴史に残る言葉として「原子力をブルドーザーのように進めるな」という私の言葉が登録され、五〇〇〇円の図書券をいただいた。月刊誌の『論座』（平成一五年八月号、朝日新聞出版）に寄稿した二ページ分も含めて登録された。

原発政策の民主主義化を求めて

国と福島県で結んでいる「安全協定」という原発にかかわる決め事がある。拠《よ》り所はこれだと私は考えた。というのは、安全協定ではプルサーマルの使用は「燃料使用の変更」

にあたり、県と原発立地四町で構成される「福島県原子力発電所安全確保技術連絡会」が東電から説明を受けて協議することが義務付けられている。

私はこの仕組みを徹底的に活用してやろうと決めた。この連絡会を福島県のあらゆる原発関係者を集めた「論議の場」とし、そこで安全性の検討と議論を尽くす。これしかない。反故同然にされた「三県知事申し入れ」の中身をここで具体化することを狙ったのである。

議論の場は「核燃料サイクル懇話会」として発足した。参加メンバーは、知事・副知事・出納長の県三役。総務部・企画調整部・生活環境部・保健福祉部・商工労働部・農林水産部・土木部の各部長。そして原子力センター長。さらに、総務部・企画調整部・生活環境部の関連する部署の課長補佐や係長まで構成員に加えた。

つまり、県のすべての部局を網羅して参加させたのである。そうすることで、県民の民意を漏れなく反映させうるシステムとなるからだ。もちろん議論の中身はすべて公開する。ここを原発行政民主化のスタートにしたいと考えたのである。他の原発立地県にとって、これが国や電力会社との話し合いの場のモデルとなれば、なおさらいい。そんな思いもあった。そして重要なことは、「懇話会」を続けている間は、東電からプルサーマル実施の話がきても受け付けないことにしたことである。「核燃料サイクル懇話会」と同時に専門家も交えた安全対策部会も開催し、技術的検討も重ねた。

「核燃料サイクル懇話会」は約一年間に七回にわたって開催され、プルサーマルに関するさまざまな知見が蓄積されていった。国と東電はむろんプルサーマルの意義と安全性を説き、政策実施を訴えた。私たちの側はどうであったかというと、三・一一を経験した今となってはまことに忸怩《じくじ》たるものがあるが、そうした説得を受け、各町村から受け入れる方向での意見が表明されるようになった。

その意味で第五回の懇話会が分岐点となった。楢葉町の町長から、かねて申し入れている原発の増設（七、八号機）を県が容認するよう意見が出され、また富岡町の町長からはプルサーマルの理解は進んでいるとして、次のステップに進んでほしいとの意見が出された。

すると大熊町の町長は、「事業者（東電）とは三〇年にわたる共存共栄の信頼関係があり、いまさら信頼関係を崩すようなことはしないと思う。福島第一原発七・八号機の増設は雇用の安定化、地域経済活性化の面からもしかたがない」と同調した。

さらに双葉町の町長もこうダメ押しした。「深刻な地球温暖化の歯止め策としての原子力推進以外、道はないという選択は正しい。有馬朗人元東大総長（当時文部相・科学技術庁長官）の、『プルサーマル燃料は極めて安全に使用できる』という説明で、安全性には同感の意を強くした。原発増設については、九一年議会において議決しており、双葉町は一日も早い増設の着手を希望している」。

原子力は先端科学による巨大な集積技術である。正直なところ、素人の私たちがいくら知識の吸収に努めても、専門の科学者や権威筋から「安全だ、安全だ」と吹き込まれたら、だんだんそんなものかと洗脳されていく。

区切りの会となった第七回の「懇話会」に稲川泰弘資源エネルギー庁長官が出席し、次のように発言して大勢が決した。

「国としても二〇一〇年ごろをめどに、発電所外の施設における貯蔵も可能となるよう検討を進めており、確実に行える対策をとる」

つまり、以前反故にした二〇一〇年からの使用済み核燃料持ち出しの約束を、もう一度実行すると明言したのである。さらに同長官は、原子炉等規制法改正案を国会に提出してこれを担保し、使用済み核燃料の処理についても事業主体を二〇一〇年までに決め、その年の通常国会に法案を提出すると確約したのである。

これら一連のプロセスを確認した私は、「われわれ自治体の努力の結果、日本の原子力政策の体質がいい方向にきている」と一定の評価を与え、いま考えるといかにもお人よしのコメントを出してしまった。いまとなっては、大変慙愧《ざんき》の念に耐えない。この時点では私の中にも「安全神話」の幻影は依然として生きており、国や東電に対しても決定的な不信を抱くまでには至っていなかったということだ。以降、県議会をはじめ、立地市町村はプルサーマル容認の方向に雪崩を打って傾斜していく。

一九九八年一一月、私は東電の荒木社長に対しプルサーマル実施の事前了解を与える文書を手渡した。

そのときに示した条件が次の四項目である。

1　MOX燃料の品質管理の徹底
2　取扱い作業員の被ばく低減
3　使用済みMOX燃料の長期展望の明確化
4　核燃料サイクルの国民理解

いずれも、その時点では未解決の課題であり、大きな不安を残す問題であった。これらは、どうしても国と東電に守らせないといけない事柄である。可能なかぎり、情報公開に基づく民主主義の手法を追求しながら、県が一体となって議論を尽くしてきたからこそ打ち出せた最終的な要望（前提条件）であった。

なお、この時点で私は七、八号機の増設を認めるつもりはなかった。だが、プルサーマル容認はやむなしとの判断をしたのである。

九九年一一月末、福島第一原発三号機に使用するベルギー製のＭＯＸ燃料が福島第一原発内に搬入された。

迷走するプルサーマル発電

このまま何もなければ、ＭＯＸ燃料は三号機で燃やされていたことだろう。しかし、現実にはそうならなかった。ちょうどこの時期、ＭＯＸ燃料にかかわる事故が他地域で連続して起き、東海村でのＪＣＯ（株式会社ジェー・シー・オー）臨界事故も起きたのである。ベルギーからのＭＯＸ燃料が福島に到着する直前の九月中旬、関電の高浜原発（福井県）で使用する予定のイギリス製ＭＯＸ燃料の寸法データが改ざんされていることが判明した。改ざんされた仕様の燃料を原子炉で燃やせばどうなるのか。慄然とした。ニュースを聞いた福島県民の間に動揺が広がったことはいうまでもない。

東京電力からさっそく連絡がきた。「東京電力で使うＭＯＸ燃料はベルギー製で、コンピュータ制御でつくられています。手づくりの英国製を使っている高浜原発のものとは違うので安心です」。

コンピュータ制御でつくったものが安全で、〝手づくり〟が安全でないなら、なぜ高浜原発はそんな危険なものを使ったのだろう？　データ改ざん以前の話ではないのか。そもそも、コンピュータ制御なら安心というのは信用できるのか。私は東電に対し、「国が安全上問題ないとの報告をした時点で使うだろう」と表明した。

そしてその月末の九月三〇日、茨城県東海村にあるＪＣＯの核燃料加工施設で臨界事故が起きるのである。

事故の原因は、作業員がいわゆる効率化のための「裏マニュアル」に沿った作業を行ったことであった。ウランを硝酸で溶かす工程で、本来なら「溶解塔」を使用すべきところをステンレスのバケツを使って行い、そのウラン溶液を沈殿槽（これも規定外）に入れたところ、溶液が臨界に達し核分裂反応が起きて止まらなくなったという。バケツで作業していた作業員は、「約一六キログラムのウラン溶液を沈殿槽に移しているときに青い光が出た」と語った。

住民には屋内避難勧告が出され、時の小渕恵三首相がテレビで直接避難を呼び掛けるという史上最悪の原子力事故となった。その後亡くなられた作業員の二人は、致死量の少なくとも八倍の放射線量を浴びたと推定されている。この事故による被ばく者は六六七名に達した。

事故の二日後、私は、事故の直後に東海村を通りかかった福島の住民が被ばく量の測定のために詰めかけている、いわき市の保健所を訪れた。検査を受ける住民の顔は青ざめ、原子力の恐怖におびえている様子がまざまざと伝わってきた。

私は強い口調でこう非難した。

「信じられない事態だ。原子力発電の国民理解にとって、事故を起こさないことが第一で、誠に残念。怒りを感じている」

事故はさらに続いた。

同年一二月一六日、九月に改ざんが明らかになったばかりの高浜原発のMOX燃料で、また別のデータ改ざんがあったことがわかったのである。今度は、イギリスの再処理工場労働者の内部告発から明るみに出たものであった。

なんということだ。国や東電が原子力の危険に対して何の歯止めにもなっていないことが露呈した。東電は燃料データの確証が得られるまで福島第一原発三号炉への燃料装架《そうか》を見合わせると連絡してきた。そして新潟県柏崎刈羽原発の地元自治体がプルサーマル延期を申し入れるに及んで、東電はプルサーマルの一年延期を表明したのである。

「国民の理解を得るためには、検査やチェックだけで済む話ではない」。私はまたもや強い憤りを表明せざるをえなかった。このことが尾をひき、どうにも心の整理がつかないまま、この年は暮れていった。

明けて二〇〇〇年の一月七日、東電の南直哉社長が新年のあいさつに県庁を訪れた。見ると顔色は冴えない。彼は私の前で絞り出すような声で言った。「プルサーマル実施は延期したい」。当然のことだが、東電の社長としては断腸の思いであったにちがいない。

私はこう言葉を返した。「国民はよく見ている。今回の事故や問題は、JCOや関西電力の問題であって東京電力の責任ではないが、国民の原子力発電に対する理解という面では、原子力は一つの世界であり、同じ穴のムジナだ。今は喪に服す期間だ」。

われながら、めでたい松の内であるにもかかわらず、辛辣《しんらつ》な言葉を吐いた。天下の東電の社長に対して言うべき言葉ではないかもしれない。「同じ穴のムジナ」という言葉は、「たとえ別会社が起こした事故や不祥事でも、国民から見ればみんな同じ原子力の世界で起きたこと、逃れられませんよ」と暗示したつもりであった。

しかし、そんな刺激的な私の言葉に動じる南社長ではなかった。「ベルゴニュークリア社（ベルギーの燃料加工会社）と品質管理体制やデータの保証について打ち合わせ、第三者機関でデータの正確性を認定してもらうことも考えている」と述べ、できるかぎり早くプルサーマルを実施したい本音をあからさまに示したのである。

こちらとしては、詫びに来た相手から逆に恫喝《どうかつ》されたような気分である。いろいろ不都合はあっても、要は国策なのだから、逆らっても無駄だよと言われたようなものだ。衣の下に鎧《よろい》が見えた。

この日はスケジュールが立て込んでいた。午前中に南社長と面談し、昼には新年のあいさつで外出。午後には来年度予算化する事業のレクチャーを四部署から受けた。いわゆる「知事レク」である。そのうちの一件は、ＪＣＯ事故を受けて、万が一福島原発が事故を起こした場合を想定して、福島県立医科大学に放射能の除染設備を備えようという案件だった。

知事とはべらぼうに忙しい職種である。午前の南東電社長との面談こそ緊張したが、後は淡々と公務をこなした。毎日がそうだから、とくにこの日が忙しいというわけでもなく、日を経るうちに忘れていく一日であった。

しかし、この一月七日という日は、その後、私が巻き込まれることになる贈収賄事件にとってもっとも重要な一日となる。それはもちろん神のみぞ知るで、当時の私は知るよしもなかった。

宗教と化したプルサーマル

東電がプルサーマル実施を凍結して一年が経った。二〇〇一年正月七日、恒例の新年のあいさつに東電の南社長がやって来るという。あいさつだけなら問題はないが、なにしろ相手が相手だ。私は用心した。するとその前日の夜、NHKの記者がやってきてとんでもないことを耳に入れてくれた。「どうも東電はプルサーマル実施を発表するらしいですよ」。私は南社長の来庁を断った。

翌八日の夜、NHK総合が七時のニュースで特ダネを報じた。

「プルサーマルについて、その賛否を問う新潟県刈羽村での住民投票条例案が廃案となったことを受けて、東京電力は今年、国内で初めて福島県と新潟県の原子力発電所で実施する予定です。まず、福島第一原発で四月から、燃料全体のおよそ六パーセントをプルサーマル用の燃料に交換し、五月から実施する予定です。国はプルサーマルを二〇一〇年までに全国の一六～一八基の原発で行いたいとしています」

まさに一昨夜、記者が耳打ちしてくれた内容の報道だった。

第二次安倍政権が発足し、NHKの会長に籾井勝人氏が就任してNHKの政権寄りの報道姿勢が問題になった。「政府が右と言うものを、左と言うわけにはいかない」と発言した籾井氏の発言が批判を浴びた。しかしそれは、一人NHKにとどまらず、今やメディアの大部分がその報道姿勢を問われている。特定秘密保護法案にしろ、集団的自衛権の解釈改憲にしろ、メディアの腰が引けているのは事実だと思う。

確かに安倍政権になってその傾向はいよいよもって顕著だ。しかし、私の経験からいえば、こと原子力政策に関するかぎり、大手メディアは常に原子力ムラ寄りの報道をしてきたと肌で感じている。

いまになって思うと、このNHKの報道もネタの出所は相当に怪しい。ありていにいうと、官僚のリークをそのまま〝特ダネ〟として報道したのではないかとの疑いを捨て切れない。結果的にプルサーマル実施の既成事実化に加担した報道だったと思う。

私が南社長の来庁を断ったのも、こうした事態を恐れたからだ。新年のあいさつが「プルサーマル実施の宣告」にすり替えられてはたまらない。だが、事態は危惧したとおりになった。むろん、国や東電から事前の相談はなかったのである。

月が変わって二月六日、私はプルサーマル強行に「待った」をかけた。記者発表の場では婉曲な表現を避け、豪速球を放り込んでやれと声の調子も強めた。

「プルサーマルの事前了解四条件について信頼回復がいまだになされていない。残念ながら、事前了解した後の臨界事故やMOX燃料のデータ改ざんで、県民の理解はマイナスのほうに行った。原子力の問題は、水平展開が重要なポイントだ。国も事業者も努力しているが、率直な感想として事前了解前のレベルに戻っていない」

プルサーマル実施は受け入れられないと宣言したのである。国や東電は激怒したと思う。

なにしろいまや、「プルサーマル」は単なる発電技術を超えて、侵すべからざる「国策」に祭り上げられている。神前に供えられた経典のようなものである。プルサーマルは原子力ムラが挙げて信奉する「宗教」となった。そして私は彼らから見ると、まぎれもなく「背教者」である。

東電は私と福島県に対する反撃を開始した。二日後の二月八日、東電の種市健副社長が記者会見を開いて次のように発表した。

「現在計画している新規電源の開発計画を抜本的に見直し、原則三年から五年、地方によってはそれ以上凍結することにした」

東電はその理由として、電力需要の低減という環境変化を挙げた。電力需要が減ったから、発電所の増設をやめるという。これはコペルニクスの転回ともいうべき政策の大転換である。例によって県には何の相談もない。唐突すぎる。私は出張先の韓国でこのことを知らされた。

そして思った。これは、東電による私たちへの意趣返しなのではないか。福島県では双葉町が七号機と八号機の増設を申請し、広野町では火力発電所も増設中だった。プルサーマルを承諾しないなら、原発の増設もしないし、火力発電所の増設も中断すると脅してきたのだろうか。それは確かに、福島県の地域経済に大きな打撃を与える。

しかし、と私は思った。こんな姑息《こそく》なことを仕掛けるのは政治家ではない。「広野町の火力発電所の増設を凍結すれば、あいつらも慌てるだろう」と、小賢《こざか》しい役人と東電の一部幹部が仕組んでやったことではないか。私はそう推測した。であれば、きちんと反撃をしておく必要がある。私は韓国から指示を出し、次のようなコメントを出させた。

「この際、国及び事業者の責任のもと、将来の需要動向をしっかりと見据え、新規電源開発のみならず、核燃料サイクルを含めたエネルギー政策全般を抜本的に見直し、これらを国民、県民にわかりやすく説明し、理解を求める必要がある」

東電の言う「見直し」を逆手に取って、「どうぞ見直してください。当面プルサーマルも凍結しましょう」とケツをまくった形となった。これで、向こうは相当慌てたようだ。とくに霞ヶ関の役人たちはマズイと思ったようで、平沼赳夫経済産業相を動かして、私を説得しようと図った。平沼氏は韓国にいる私に電話をかけてきた。平沼氏とは私が参議院時代に宮澤喜一蔵相のもと、一緒に大蔵政務次官を務めたこともあり、親しい仲である。しかし私は電話に出る気はなかった。同行した県の企画調整部長に断らせた。

経産省内の暗闘「一九兆円の請求書」

ところが翌日、耳を疑うようなニュースが飛び込んできた。平沼氏が記者会見を行い「東電からは原発新設は予定どおり進めると聞いている」と発言し、種市副社長の言ったことを否定したのである。どうなっているのか？　訝《いぶか》しんでいたところ、南直哉社長が夜に記者会見して原発凍結を否定し、国策としての原発建設は今後も続けると表明、平沼経産相の発言が正しいことを裏付けたのである。いったい、種市副社長の前夜の会見はなんだったのか。わずか一日で状況がひっくり返ってしまった。信じられないことである。

この奇妙な逆転劇というかドタバタ劇の裏には、東電と経産省における原発政策見直し派と推進派の暗闘があったと後にわかった。背景には一九九五年に始まった電力自由化の流れがある。東電の南社長は電力自由化論者であるが、経産省内では自由化論（原発見直し派）と反自由化論（原発推進派）が激しくぶつかっていたのである。

それを証明するのが、前述した「一九兆円の請求書」事件である。ここで再度取り上げよう。

「一九兆円の請求書～止まらない核燃料サイクル」と題打った「怪文書」が、二〇〇三年から〇四年にかけて永田町や霞ヶ関に出回った。「核燃料サイクルをいま止めなければ、実用化しないのに一九兆円のコストが発生する」という驚くべき内容で、プルサーマルは虚構だと暴露した文書である。この文書を書いたのは経産省（資源エネルギー庁）の自由化論者だったとされる。

以下内容を抜粋するが、経産官僚の作成したものだけあって、核燃料サイクルの矛盾をあざやかに衝いている。

①六ヶ所村（青森県）の再処理工場を運用すると、総額で少なくとも一九兆円、場合によっては五〇兆円かかる。
②高速増殖炉（もんじゅ）の実用化のめどが立っていない。
③放射性廃棄物の体積が大幅に増加する。
④再処理の過程で、原発とは桁違いの放射性被ばくが発生する。

と指摘。「原発立地県からも、福島県知事のように、使用済み燃料の搬出問題をもって核燃料サイクルを正当化することは、問題のすり替えであるという人もいる」と、私のことも引き合いに出している。

今や時代遅れになった核燃料サイクル政策の誤りを認められないのは、国（経産省）、電力会社、原子力ムラ、政治家がそれぞれ事情を抱えているからだと彼らは指摘した。

その事情とはこうだ。

①国は「今まで核燃料サイクルを推進してきたことが時代遅れとなったという政策の誤りを認められない」という官僚の無謬《むびゅう》性と、もし政策を変更すれば電力会社から国に対して、六ヶ所村の再処理工場建設費二兆円の損害賠償を請求される。
②電力会社には、二兆円もかけてつくった再処理工場をいまやめると言えば、電気料金で再処理代金を回収してきたものを返せと言われる。
③原子力ムラ。国、電力会社、特殊法人、重電メーカーには原子力工学科の卒業生が多数存在し原子力ムラを構成している。原子力には国家予算四七〇〇億円が充てられ、電力の原子力発電費用は二兆円。これらの巨額の原発マネーに群がるレントシーキング（たかり）の構造がある。もし、核燃料サイクルをやめれば、もんじゅ、次世代原子炉といったプロジェクトの意義が喪失し、プロジェクトにまつわる利権がなくなる。

そして最後の政治家の事情はもっと露骨である。「六ヶ所村には毎年多額の交付金が落ちる。自民党議員は電力会社から、民主党議員は電力労連や電機労連からさまざまな支援を受けている」。つまり、あからさまな選挙事情だ。

この場合、「事情」というのは、すなわち「利権」と置き換えていい。

この「怪文書」は最後に、「政策的意義を失った一九兆円（果ては五〇兆円）ものお金が国民の負担に転嫁されようとしている」と結論付け、すべて国民が払う電気料金に加算されると告発したのだった。

私がこの「一九兆円の請求書」事件を知ったのは前述したように二〇〇四年の週刊朝日の記事であるが、震災後の二〇一三年夏、今度は週刊ポストが「幻のクーデター・一九兆円の請求書」のタイトルで九月六日号から四週連続で特集した。「一九兆円の請求書」で指摘されていることは、ことごとく的を射ていると思う。官僚の中にもこんな良心的な改革派がいたことを心強く思う。

しかし残念ながら、この後、自由化論者はあっけなく一掃され、経産省はふたたび原発推進派の天下となった。彼らのクーデターは失敗したのである。

話を戻すと、東電の種市副社長の「原発凍結、見直し」が一夜にして反故にされたのは、この怪文書事件の起きる二年も前のことだから、改革派と推進派がまだせめぎ合っていた時代だったのだろう。

韓国から帰国した私は仙台空港で記者団に囲まれ、コメントを出した。「いろいろな意味で、原子力政策を見直す機会ではないか。五、六年前までは安全と信じていたが、最近の状況を見ると、残念ながら原子力発電所は〝危険施設〟かもしれない。プルサーマル計画に対する国民、県民の理解は現状では進んでいない。三～五年とは言わないが、一年間ぐらいは県民の皆さんと相談しなければならない」。

二〇〇一年二月二六日、定例県議会で私は、「当面、ＭＯＸ燃料の装架はありえない」と明言した。

事態はすべて、振り出しに戻ってしまった。すなわち、種市副社長の記者会見の中身はまったくなかったことにされたのである。

核燃料税の引き上げをめぐる攻防

プルサーマル計画をめぐる国（経産省）や東電と私たちとの軋轢《あつれき》・対立は、このあたりからいよいよ顕著になっていったのだが、もう一つ、県と東電の抜き差しならぬ抗争のタネとなったのが「核燃料税」であった。

原発があることによって生じる安全対策費や関連施設運営費などの巨額の費用を賄うのが「核燃料税」である。原発は導入時には電源三法によるさまざまな交付金が入ってきて立地自治体の財政を潤すが、その後生じる諸々の経費はすべて自治体が負担するため、導入後しばらくすると財政が厳しくなるのは、どの立地自治体も同じである。苦しくなった自治体は切羽詰まって原発増設を願うようになる。もう一基、あるいは二基、原発をつくってくれと電力会社に泣きつくのである。原発が自治体にとって「麻薬のようなもの」といわれるのはそのためだ。「原発漬け」というものである。

現にわが福島県でも、私が知事に就任して間もない一九九一年九月、双葉町議会が「原発増設を求める決議」を採択している。町の財政がどうにもならなくなっていたのである。私はこのことに理解が及ばず、少なからず違和感を覚えたものだった。

そんな中で福島県では、ちょうど地方自治体の課税自主権が大幅に強化された時期でもあったので、これを梃《てこ》に「核燃料税」の税率を上げるべく周到な検討と準備に入った。

二〇〇二年四月、県の地方税等検討委員会が、核燃料の税率を一六・五パーセントに引き上げる案を発表した。従来のほぼ二倍の税率である。むろん東電は猛反発。当然であろう。県による東電への説明が一〇回にもわたって繰り返されたが東電は納得せず、憲法違反であるとか、国の経済政策との整合性を欠くとかの理由を挙げて激しく抵抗した。

核燃料税の値上げは最終的に総務省の同意が必要である。総務省は「重量税とはうまいことを考えましたね。一〇パーセント以下なら問題ないでしょう」、そして「震えてしまいますね」と感想を漏らした。自治体が課税自主権を持ち、能動的に動き出したのを目の当たりにして、理解とある種の感動があったのだろう。原子力を管掌する経産省と地方自治に目配りする総務省とでは温度差があったのである。

そこで東電は、原子力ムラのメンバーを総動員して私たちを潰しにかかってきた。国会議員へのロビー活動、電事連による県への「再考申し入れ」、経団連による総務省への「意見書」の提出といった具合である。しかし、私たちは同年七月、県議会で「一三・五パーセント」の税率を全員一致で可決させた。

東電はあきらめない。訴訟をほのめかして恫喝してきた。このころ東電の担当者は「福島県はとんでもない県ですね」と本音を吐いたそうだ。

力ずくでも進める

国がいつごろから、私が福島県の首長でいることに対して嫌悪感と忌避の感情を持つようになったのかは、私にはわからない。しかし、私が「物わかりの悪い田舎の知事」であるとの印象操作と世論誘導が、ずっと行われていたことは事実である。そのことは、私の足元の県議会や原発を増設したい双葉町へ少しずつ浸透していたようだ。

プルサーマル実施の拒否宣言をした後、私は前述したようにエネルギー政策全般の見直しのための組織「福島県エネルギー政策検討会」を庁内に設置した。その前に設置した「核燃料サイクル懇話会」は、プルサーマル計画の全体像を学ぶための勉強会という性格だったが、今度の「エネルギー政策検討会」では、原発立地県の立場から国のエネルギー政策全般と原子力政策について議論を深めることにした。そこまで突き詰めて議論しないと、これから国や東電とどう向き合えばいいのか、本当の解が出てこないと考えたのである。原子力政策の土俵でガップリ四つに組む。そうした意気込みだった。検討会に組み込んだ県のスタッフも静かに燃えていた。

しかし、こと原発問題に関するかぎり、私の支持基盤は決して盤石とはいえなかった。まず県議会の自民党会派から私への批判が飛び出した。「検討会をやるのは結構だが、議論をどこに落ち着けるのか。知事が反発したからといっていつまで時間を費やすのか。一年は長すぎる。国への要求に絞るべきだ」などと、早くも条件闘争への切り換えを要求してくるのだった。彼らの後ろに誰がいるかは言うまでもない。

原発増設を望む双葉町の岩本忠夫町長は、福島第一、第二原発の立地する四つの町を中心とするプルサーマル推進の組織を立ち上げ、反対する私と話し合ったこともある。三・一一を経た今となっては、こうした立地地区の焦りにも似た動きがいかに軽率なものであったかは明らかだが、現実に目先の利益に翻弄された一幕があったことは、自他ともに肝に銘じておきたいことである。

「知事は何を考えているのかわからない」。私に対する批判は増幅していった。国もこれに呼応する。二〇〇一年六月の経産省の「総合資源エネルギー調査会原子力部会」で、資源エネルギー庁の河野博文長官がこう言い放ったのである。「プルサーマル計画あるいは核燃料サイクルというこの大きな政策は、いってみれば昭和三〇年代からの大きな日本の課題でございます。そして、昨年の原子力長期計画においても、着実な実施が謳われており、たとえば閣議においても、一九九九年に了解が行われて、力ずくでも進めていくべき課題であります」。

力ずくでも、と平然と言ってはばからない。これが霞ヶ関官僚たちの地方自治体への偽らざる態度である。彼らの頭の中には「地方自治」はない。国策に反抗する自治体などもってのほかということなのだろう。

「エネルギー政策検討会」での議論

「福島県エネルギー政策検討会」で話されたことは多岐にわたった。まずは、政策決定プロセスにおける情報公開がまったく不十分だということ。これについては、「安全学」という新しい学問を提供している国際基督教大学教授の村上陽一郎氏は「国民が自己責任をまっとうするだけの情報を与えられていない」と指摘した。

次には、国民の声が反映されているかということ。佐和隆光氏（京都大学経済研究所所長）や吉岡斉氏（九州大学大学院教授）などから貴重な意見をいただいたが、とくに米本昌平氏（三菱化学生命科学研究所生命科学研究室長）の「日本社会の権力理解は『構造化されたパターナリズム』だ」という見解に私は強い印象を持った。

「国に任せておけば大丈夫」「大きな会社だから大丈夫だろう」「最新施設だから大丈夫だろう」。つまり、国や大企業という権威に任せておけばいい、という「お上」任せの発想が「構造的パターナリズム」である。日本の歴史と風土の中で深く浸透していった「構造的パターナリズム」は、肯定的に見れば庶民の純朴性の表れともいえるが、容易に権力の傲慢《ごうまん》と暴走を生む。原発政策にかかわる権力（原子力ムラ）の暴走が招いた結果が、あの三・一一の福島第一原発の大惨事なのである。

そして、原子力政策の最大の問題点は何かということ。前記の吉岡斉氏はこう述べた。「再処理技術の進歩の予想と現実が大きく食い違っており、そこを正しく評価できないのが原子力政策の最大の問題である。一九五〇年代には再処理は簡単にできると思われており、将来は高速増殖炉時代になるのだから、再処理は必ずやるという前提のもとで出発した。いったんスタートすればそこに既得権益が生じ、簡単にやめられないということで続いてきた」。

いったん決めたことは、どんなことがあっても〝ブルドーザーのように〟やり抜くという国（経産省）の姿勢が問題なのだ。前に述べたとおり、高速増殖原型炉「もんじゅ」は完成後一度も本格稼働したことがない。そこへ立ち戻って検討し直すということができない。

いま思うと、「エネルギー政策検討委員会」では、三・一一後明らかになった原発の問題点がほぼ議論し尽くされていたように思う。「原発はコストが一番安い」という根拠のない主張や、地球温暖化の京都議定書を守るには原発しかないという見解は、世界で日本政府だけが唱えているという事実、あるいは高経年炉の安全対策と技術に大きな欠陥があることなどが次々に明らかにされたのである。

こうして検討を進めると、「プルサーマル計画」はいよいよ机上の空論としか思えない。委員の一人、京都大学大学院教授の神田啓治氏は「合意形成で国民が果たす役割を考えると、情報をきちんと提示してくれないとわからないという立場と、素人が参加してもわからないという両極端の立場がある。しかしこれだけ科学技術が膨大になってくると、国民に情報や科学的な事実を十分に提供し、かつ合意を得ながら進めていかなければならない」と、技術が複雑化する現代における民主的な合意形成のあり方を示してくれた。まさに「わが意を得たり」という提言であった。

ところが私がプルサーマル計画凍結をめざして発言し、行動していることに対して、青森県の六ヶ所村再処理工場を担当する青森県が怒り始めた。「自分の県の思惑だけで発言するのは自由だが、オールジャパンのことを考えるべきだ」。攻撃の矢がとんでもないところから飛んできたのである。

青森県六ヶ所村には再処理工場と、暫定的に使用済み核燃料を保管する中間所蔵施設がある。福島県がいつまでもプルサーマルを拒否し続けると、再処理工場でつくったMOX燃料が使われず宙に浮いてしまう。さらに抽出したプルトニウムの持っていき場がなくなる。青森県が最終処分場になるのではないかという強い懸念があった。

確かに、青森県の立場に立って考えればとんでもないことである。再処理工場の稼働は再処理核燃料を最終的によその土地に持ち出すことを前提にしている。責任は最終処分場を決めない国にあるのだが、青森県の怒りは私に向かってきた。とはいえ、六ヶ所村の再処理工場は数々のトラブル続きで稼働のめどは立っていない。お門違いのお怒りであった。

私たちは有識者から話を聞いて学ぶだけではなく、原発が本当に地域経済の振興に結び付くのかを、原発の増設を求めている双葉町をケーススタディとして自らデータを集めて勉強した。

確かに、双葉町の財政状況、社会資本の整備などは県内のほかの市町村と比べて高い水準にある。巨額の固定資産税も入ってくる。原発立地の効果が表れている。しかし、それらの効果は時間の経過とともに大きく減ってくる。原発施設の減価償却が進めば、それに伴って固定資産税は目減りする。建設時やその後の点検作業や建設作業についても、地元下請けは全体の約二割しかないこともわかった。原発関連の派生技術の地元への移転・蓄積もない。四〇年後に廃炉になれば町はどうなってしまうのか。「原発の後も原発で」という双葉町のおねだりは、原発立地が永続的な振興に結び付かないことを現実として示したものだ。

学べば学ぶほど、国の原子力政策のボロが見えてくる。国は当然そのことを恐れていただろう。私たちの「エネルギー政策検討委員会」を、どうにも面白くないと思っていたようなのである。県の職員は経産省の担当者から「おたくはなんであんな人たちを検討委員会に呼ぶんだ」などと批判された。経産官僚はあからさまに講師の先生方を中傷したのである。経産省にとって好ましくない学者は、ちゃんと〝注意リスト〟に載せていることが察せられた。原子力ムラには、本能的に情報隠ぺいと思想統制の体質が備わっている。そこを衝いてくるものは徹底して忌避する。このムラには民主主義はないも同然である。

米国からの内部告発

時計の針を少し前に戻す。二〇〇〇年七月三日、資源エネルギー庁の原子力発電安全管理課宛に米国から一通の英文手紙が届いた。差出人の名はケイ・スガオカ。福島第一原発の検査を担当したGE（ゼネラル・エレクトリック社）の技術者だった。

その内容は、同一号機の原子炉内の装置に六カ所のひび割れが入っていたが、東電とGEは共謀してその事実を隠ぺいしているという内部告発だった。

「私は1号機の蒸気乾燥器を目視検査していました。ひび割れが見つかり、東京電力は巨額の費用で、これを新しいものに取り換える必要がありました。（中略）私は、たくさんの沸騰水型炉を検査してきましたが、ここまで傷ついた蒸気乾燥器は見たことがありませんでした。しかし東電の依頼に基づくGE上層部の指示で、ひび割れが映らないように意図的に編集したビデオが通産省向けにつくられました」（朝日新聞二〇一四年三月四日付「プロメテウスの罠」より）

同記事によれば、当時の通産省は直ちに東電に問い合わせたが、東電は「そのような事実はない」との答えを繰り返した。通産省は告発の手紙に同封されていたデータシートの絵を突き付けたが、それでも「当社は承知していない」との返事であったという。

事件はそのまま放っておかれた。翌二〇〇一年になって経産省に原子力安全・保安院が発足し、保安院がGEにこの件を問い合わせると、GEは過去の記録を調べ直し、一九八〇年代から九〇年代にかけて福島第一及び第二原発と新潟県の柏崎刈羽原発で、ひび割れを含めて二九件のトラブルが起きていたことがわかった。私たちがプルサーマルをめぐって東電や経産省と対峙していたまさにそのころの事故であった。当然私たちにはまったく知らされなかった。

二〇〇二年八月二九日夕刻、県の原子力担当部局に保安院から文書のファクスが入った。同時に保安院から電話がかかってきて「文書を送ったから見てください」という。その文書の内容が、まさにこの内部告発された事故だったのである。

一九八〇年代から九〇年代にかけて、福島第一・第二原発で東京電力が実施した点検作業で発見されたひび割れやその兆候などについて、報告書の不正記述が行われていた。つまり事故を隠して運転していたというのだ。

さらにひどいことには、「ひび割れ、摩耗などが交換・修理されていない疑いのある機器」が、福島第一・第二の複数の炉にいまでも存在するという。信じがたい不正行為だった。

不正を働いたのは東電だが、告発を受けながら二年間も隠していたのは国（通産・経産省）である。東電と経産省はグルである。

私は「本丸は国だ。敵を間違えるな！」と県職員に訓示した。記者会見に臨んだ川手副知事は「こういうことなら、今後国の原子力政策に一切協力できない」と言い切った。

翌三〇日、私は記者会見で改めて表明した。

「この問題を、東電の誰がどうした、プルサーマルが進まなくなるなどと矮小化してはならない。原子力行政全体の体質が問題だ。政策そのものを考え直さないといけないのではないか」

そして最後にこう強調した。

「日本は、原発に対し、世界と共通の認識を持つべきだ」

歴史に「もしも」は禁物らしいが、このとき抜本的な原発政策の見直しが始まっていたら、あの三・一一事故は防ぐことができたのではないか。少なくとも地震発生後の被ばく事故をもっと軽減することができたのではないかと考えると、今は自分の無力を呪うばかりである。

この事故隠ぺいがいかに重大な問題であったかは、九月に入ってすぐ東電の経営最高幹部が総退陣したことで満天下に明らかになった。南直哉社長、荒木浩会長、原発担当の榎本聡明副社長、相談役の平岩外四元社長、同じく相談役の那須翔元社長の五氏である。とくに平岩氏は経団連の会長を務めた経済界の重鎮である。企業の存続が問われてもおかしくない深刻な不法・背信行為が行われたことの証左である。

謝罪と辞任表明の記者会見で南社長は、「(福島県に対し)プルサーマルをお願いできない」と発言した。当然のことだ。しかし経産省はまったく反省していない。朝日新聞九月二日付の福島版によると、「あんなこと言っちゃダメだよ。断念などありえない。これまで新潟も好感触で、高浜はもともとやるつもりだった。すんなり行けば福島県だけが孤立するんだ」とある官僚が言い放ったという。

官僚というのは、いったいどういう神経をしているのか。とても同じ人間とは思えない。怪奇なモンスターである。彼らがいるのにふさわしい場所は霞ヶ関ではなく、地の果ての流刑地ではないかと、私は怒りが鎮まらなかった。

同月の六日に行われた県の「エネルギー政策検討委員会」は、「東電の改竄問題に関する件の疑問点」を次のようにまとめた。

【九六年一月の三県知事提言以降、国の原子力政策などの体質は変わったか】

①教訓がまったく生かされていないのでは。
②立地地域住民の安全・安心をどう考えたのか。
③国の情報伝達、意思決定はどうなっていたか。
④国は不正情報をなぜ公表しなかったか。
⑤疑惑の二九件以外に内部告発はないか。

【原子力発電所の検査体制は充分機能しているか】

⑥自主点検でも国は究明できたはずではないか。
⑦事業者協力ができないような体制で、国は安全確保に責任が持てるのか。

⑧電力自由化でさらに問題を引き起こさないか。
⑨新たな検査制度は再発防止に効果があるのか。
⑩国は、疑惑を抱えながら、定期安全レビューの評価で事業者を認めたのは、どういうことか。

九月一九日、以上の問題点を踏まえた「中間とりまとめ」を発表、二六日の定例県議会冒頭の知事説明でプルサーマル計画への対応について次のように決意表明した。
「プルサーマルについては、前提となる条件が消滅しており、白紙撤回されたものと認識している」

これは、プルサーマル受け入れ拒否の「最後通牒」を国に突き付けたものである。同時に、核燃料サイクルにもNOを突き付けたということだ。

いま、こうして時系列を追いながら記していても、国と東電の立地県に対する不誠実さに怒りが再燃する。二度にわたる福島県の原発研究会（懇話会と検討委員会）の提言に彼らはまったく耳を貸さなかった。私たちが勉強すればするほど、彼らは内心舌打ちしながらも、せせら笑っていたのである。お前たちに国策を左右されてたまるものかと。

原子力ムラの総本山で対決

この後私は一〇月と一二月、原子力ムラの総本山ともいうべき二つの会合に乗り込み、激論を闘わせた。

一〇月七日は原子力委員会の藤家委員長との面会である。話は終始すれ違いであり、勢い私も藤家さんも声を荒げて相手に食って掛かるという具合だった。たとえば、こんな様子だ。

「だいたい九月一九日に、プルサーマルを推進するというメッセージを出されましたね。私どもに対するメッセージなんでしょうが、これだけ問題が起きたときに普通はこんなことやらないでしょう。原子力委員会さんが果たす役割はまた別にあるのではないですか」

すると藤家委員長は私の発言を遮るようにして、

「そこは知事、問題点をどう処理するかという意味で、ルール違反にペナルティを科すということと、原子力基本政策において変わりがないのだということを伝えることが、混乱を防ぐという意味で重要だと、二つのことを同時に考えなければならない立場にいるということはご理解いただきたいと思います」

重大事故があっても、原子力の基本政策には何の変更もないとシレっとして言ってのけた。私が、溜まった三〇キログラムのプルトニウムはどうするのか、計画をつくると言っているがいつその使用計画をつくるのかと聞いても、「私が申し上げたいのは、とにかく日本が国際的な約束を果たせない国にはしたくないんですよ」と言うばかり。

最後に藤家委員長は「とにかく、一つでもいいから始めさせてほしいと。プルサーマルをどこでもいいから」と本音を吐いた。私は、「あ、この人は正直な人なんだな」と思い、彼もまた原子力ムラの掟に囚われた哀しい住人の一人であることを知った。私たちがなぜ、「ここで立ち止まってもう一度、原子力政策を考え直してみましょう」と申し入れているかについては、何も答えない。

しかし、人の好さを認めることと政策の間違いを正すことは別のことである。立地県の住民の安全がかかわっている。国策に従順なだけの藤家委員長の言うことを受け入れるわけには断じていかない。

この日は、平沼赳夫経産相、細田博之科学技術政策担当相、松浦祥次郎原子力安全委員長ともお会いした。皆さん神妙に話を聞いてくれるが、かといって私の要望を受け入れるでもなく、煮え切らない態度に終始した。それでつい、こういうきつい口調になった。

「少なくとも私は、橋本総理に三県知事提言をしたときから、右にも左にも行っていない。いったい原発の安全はどこがコントロールしているのか。原子力行政の体質を本気で変えていかないと、原子力はストップすると考えているだけだ」

（不幸にして、九年後の二〇一一年三月一一日、福島第一原発は〝ストップ〟する。本書を執筆している一四年九月の時点では、日本の原発すべてがストップしている）

それから二カ月後の一二月一九日、今度は自民党本部に乗り込んだ。臨んだのはエネルギー関連部会の合同ヒアリングである。自民党は、中曽根康弘元首相と故正力松太郎にはじまる原子力ムラの総本山である。私も腹をくくって出かけた。

この日、自民党の原子力族議員が私に向かってどんな発言をしたのか、そこから彼らの本質がよく見えると思う。

向こうは、初めから喧嘩腰だった。

「まず、ディスカッションをしにきた『勇気』を多としたい」

こう切り出したのは、青森県選出の津島雄二衆議院議員だ。選挙区に再処理工場の六ヶ所村がある。これは「おう、よく来たな、上等じゃないか」と言外に脅してきたのだ。津島さんは自民党の中では知性派と目される議員だ。その人がこんなヤクザまがいの言辞を吐く。しかし、そんなことにひるむ私ではない。

「原子力政策をブルドーザーのように進める国の体制、体質を変えてほしい」

すると議員たちから一斉に声が挙がった。

「担当官庁は一生懸命やっている！」

「そうだ、そうだ」

株主総会の会社側総会屋のような野次が飛んできた。驚いたのはこのとき、同席していた全国市長会の代表が国寄りの発言をしたことだ。それでも、

「国の責任があいまいだ。資源エネルギー庁の一課長が原子力政策を決めているのではないか。それでは危険だ」

と私が反撃すると、原田義昭衆議院（福岡県選出・通産省出身）が色をなしてどなった。

「一課長や一部長が担っているということは断じてない」

そうだろうか。国会議員は官僚に「使われて」いないか（二〇一四年、自民党と公明党の間で合意されたエネルギー基本計画の与党案の一部が経産省の官僚によって拒否されたという報道があった。官僚は議員のつくった案など歯牙にもかけない。まさに、経産省の一課長（部長）が政策を決めているのだ）。

津島議員がさらに突っ込んできた。

「プルトニウムバランスの問題の立て方に誤りがある。そういうレベルで、孤高の議論が進められているという認識を持っているとすれば、改めてもらいたい」

何を言っているのかと私は思う。国は当初、溜まったプルトニウムを全量消費するため

にプルサーマルをやるのだと嘘をついていた。その嘘がばれると今度は「プルトニウムバランス」は国際公約だという話を持ち出してきたのだ。コロコロ話が変わる。

それに「孤高の議論」とはよく言ったものだ。こちらは民主主義的な手法で原子力政策について全県的な議論をしている。「孤高」とは「ひとりよがり」と言いたいのだろうが、「ひとりよがり」の独善的なやり方をしているのはあなた方のほうではないのか。

後に第一次安倍内閣の国家公安委員長を務める、古屋圭司衆議院議員（岐阜県選出）が言った。

「高レベル放射性廃棄物の実験施設を、大変な反対運動があったが受け入れた。均《ひと》しく国民はつらい思いをしながら、原子力政策の維持に努力している」

それなのに、お前の態度はなんだと、プルサーマルに反対している私を面罵《めんば》したのだ。

私も言い返す。

「福島県は一九九八年に最初にプルサーマル計画への事前了解を出した県であり、〇一年二月六日のプルサーマル凍結の発表まではエネルギー政策への最大の協力県だ。原発と核燃料サイクルは違う問題で、国民的議論を尽くすべきだ」

すると、津島議員がしびれを切らしたように、

「要するに、核燃料サイクルに賛成なのか、反対なのか」

と詰め寄ってきた。「反対」と言おうものなら、「こちらにも考えがある」と言わんばかり。これも脅しだ。私も議員経験がある。自民党の部会というのは忌憚《きたん》なく、ときには乱暴に意見をぶつけ合う場所であることは承知している。しかしそれにしても、この場はちょっと異様だった。あらかじめ着地点が決めてあり、私がどんな意見を開陳しても潰してやろうと手ぐすね引いて待っていたのである。この日は、麻生太郎政調会長（当時）ともずいぶんやり合った。

この人たちには道理が通らない。重要な国策である原発政策を、ここで立ち止まって一度見直してもらえないかという、ごくまともな福島県の思いがまったく伝わらない。

利益誘導型の政治を続けてきた自民党政治家たちの限界を見たと改めて思った。古屋氏も津島氏も選挙区に原発関連施設を抱えている。そこには巨額の交付金が舞いおりてくる。彼らやその支持者たちが、その受益者たちであることをこちらが知らないとでも思っているのか。でもここで、それを言ってしまったらおしまいである。私はグッとこらえた。

政治家の質の劣化ということでは、最近胸のすくような発言を聞いた。記しておこう。

一四年六月八日の早朝、ＴＢＳの人気番組「時事放談」を見ていた。ゲストスピーカーの浜矩子同志社大学大学院教授が、憲法の解釈改憲をゴリ押ししようとする自民党議員に申し上げたいとして、

「あなた方には良心があるのか、人間なのか」

と辛らつに批判したのである。

私は深い共感を覚えた。

原子力ムラの反撃「大停電がやってくる」

二〇〇三年四月一五日午前六時、福島県と新潟県にある東電の原発一七基、すべてが運転を停止した。

これは私にとっても〝想定外〟のことだった。原発政策を基本から見直せとは言ってきたが、原発を止めろと言ったことは一度もない。今となっては「止めろ」と言ったほうがより正しい選択だったと思うが、正直このころの私には、まだそこまでの原発に対する不信感はない。ひたすら、安全な運転を願って、いろいろ提言していただけである。東電の原発全基が止まったのは、まったく東電側の不始末の故である。残念ながら、われわれの意見が認められたわけではないのだ。

夏の電力供給は大丈夫なのか。原子力ムラは中央の大メディアを使って巧妙な世論誘導を始めた。口火を切ったのは読売新聞である。

〇三年四月二〇日付の「原発は急に立ち上がらない」というタイトルの社説がそれだ。

「電車は線路上で立ち往生し、信号が消えた道路は大渋滞に陥っている。ようやく戻った家はロウソクで薄暗く、料理もままならない。高層住宅は断水し、トイレにも困る――。関東全域で、大停電という悪夢が、現実のものになろうとしている」

これを書いた論説委員は想造力が豊かなのであろう。見てきたような迫真の描写だ。東京に電気が来なくなると、「大停電」の恐怖を煽った。そして、こう記した。

「地元に反対の残る再稼働を前に、経産省と東電、県と町村が決断の責任を押しつけ合っているようにも見える」

東京の、そして地元の世論がこれで揺らぎはじめた。「悪いのは、福島県知事の佐藤栄佐久だ」という雰囲気が出てきたのである。「電信柱が高いのも、郵便ポストが赤いのも、みんな佐藤栄佐久が悪いのよ」と。

私も反論する。五月二四日付の朝日新聞「私の視点」欄に投稿した。タイトルは「核燃料サイクル立ち止まり国民的議論を」。東電の原発が停止することになった事実経過を述べ、そこに至る反省もなく、相変わらず核燃料サイクルを唱える国の原子力政策について、歴史をさかのぼって検証し、厳しく批判した。

「いったん決めた方針は、国民や立地地域の意向はどうであれ国家的な見地から一切変えないとする一方、自らの都合を優先、簡単に計画を変更するという国民や地域を軽視した進め方である。今、本音で議論することが必要だ」

手前味噌になるが、どなたが読んでも正論と思う内容だったはずだ。

向こうは続いて二の矢を放ってきた。射手は日本経済新聞の論説委員だ。六月五日付の日本経済新聞に、「最悪の電力危機を回避せよ」というタイトルの社説が掲載された。

「首都圏の夏場の大停電という最悪の電力危機が回避されるかどうかのタイムリミットが迫っている」。読売新聞に負けず劣らず、扇情的な書き出しである。

「（運転再開の）見通しが狂ったのは、原発十基が立地している福島県の佐藤栄佐久知事の動向だ」と、私を名指しして悪者にしてきた。私は、これは原子力ムラの意向だとすぐわかった。日経新聞の素顔が見えたと思った。

社説は、「地元八町村の意向と県議会の了承があれば運転再開を認める」と福島県が言っているにもかかわらず、私一人が新たな条件を加えることで運転再開を阻んでいると批判したのである。これには驚いた。天下のクオリティペーパーが根拠のない話を確認もせず載せている。

断っておくが、福島県はそんな意思表示をしたことはないし、「（運転再開を）阻んでいる」というのは下種《げす》の勘繰《かんぐ》りとしかいいようがない。本当に品がない。

「電力供給を『人質』にとる形では誰も真剣に耳を傾けないだろう。（中略）地元町村は原発再開で議論を重ねて合理的判断をした。佐藤知事にも早急に合理的決断を求めたい」と、この社説は結んでいる。

朝日に書いた私の記事内容をどうにかして否定したい。その波及効果を減殺したい。そのために、こうした悪意に満ちた印象操作の記事をでっち上げたのだと思われた。大新聞の社説というのは日本の知性を示す指標の一つだろう。論説委員は歴史の評価に耐えうる文章を書くものと思っていたが、どうやらそれは幻想であった。これを書いた論説委員はまるで事実を摑《つか》んでいない。やくざの言いがかりのようではないか。

遠い福島県のごたごたなど、どうでもいい。早く再稼働して電気を送れ。これが「原子力ムラ」の本音なのだろう。日経の論説委員はそれを見事に代弁した。

これで、読売と日経の両紙が原子力ムラのお抱え広報紙であることがはっきりした。戦時中、戦意高揚のスローガンを書き続けたメディアの体質は今も変わっていないのか。

ちなみに、原子力ムラからメディアに渡る広告費その他は、年間二〇〇〇億円にのぼるという。マスメディアが原子力批判に消極的、あるいは脱原発に攻撃的なのは当然なのである。

メディアを含む原子力ムラは、いつごろから私を抹殺の対象として意識しはじめたのか。私自身にも定かではないが、たぶんこの時期あたりが分水嶺となったのではないか。

狭まる「佐藤包囲網」と運転再開

読売新聞が佐藤攻撃の第一矢を放つ直前の二〇〇三年四月、資源エネルギー庁は新たな「アメ」を用意してきた。プルサーマルを受け入れた自治体への交付金の大盤振る舞いである。使用済み核燃料に対して拠出する交付金の額をＭＯＸ燃料はウラン燃料の二倍に、交付額は発電電力量に応じた算定方式に見直され、プルサーマル発電に対してはウラン燃料発電の三倍額を交付することに決めたのだ。

まさに札束で頰を叩く露骨な利益誘導である。官僚が「アメをやるぞー」と大声で触れて回ったようなものである。これは効いた。地元の立地自治体が再稼働に傾くのも時間の問題だと思われた。「知事はいつまで反対を続けるのか」という圧力がかかってくる。自治体の財政事情と真意は痛いほどわかっている。

一方、東電は搦《から》め手も打ってきた。新潟県の柏崎刈羽原発の四号機と六号機を再稼働させたのである。言うことを聞かないのは、佐藤さん、あんただけだよ、ということだ。これに追い打ちをかけるような記事が出た。週刊東洋経済（二〇〇三年七月一二日号）が、私が「首都圏大停電」を盾にとって「国のエネルギー政策の中核に注文をつけている」と批判したのである。

こちらは「首都圏大停電」を盾にとっているつもりはない。ジャーナリストの中には、こうした邪推を平気で書く輩《やから》がいる。いったい、誰が首都圏の大停電を喜ぶというのか。しかし「国のエネルギー政策の中核に注文をつけている」のは本当だ。東洋経済の同記事はこう締めくくった。「愚直な佐藤と、敷かれたレールを走るしかない国とのチキンレース。（柏崎刈羽原発の再稼働で）事実上の電力不足解決となれば、佐藤の論理はどこまで貫けるか——」

この筆者には利いた風な口をきくなと、と言いたい。中央のジャーナリストはしょせん、立地地域の住民の原発事故への恐怖は他人事である。私が「愚直」であるかどうかは別にして、国とチキンレースをやっているつもりはない。住民の安全・安心を賭けた必死の闘いなのである。

私が福島県民の命を守るために、何度も何度も国や東電に対して求めてきたことは二つ。一つは「事故情報を含む透明性の確保」と、「安全に直結する原子力政策に対する地方の権限確保」である。むろんこの時点では、満足する回答はどこからももらっていない。

しかし、私は首長として決断しなければならなかった。

七月三日に「県民の意見を聞く会」を行った。一週間後の同月一〇日に東電の勝俣恒久社長に会い、話を聞いた。勝俣社長は作業ミスの報告遅れについて改めて謝罪し、真剣な再発防止に向けての決意を語った。その対応は真摯なものに感じられた。私は、「不正再発防止に向け、愚直に取り組んでいることを評価し、〝了〟としたい」と答えた。福島第一原発六号機の運転再開を認めたのである。苦渋の決断であったが、国を許したわけではない。「了」という言葉に私の意地と思いが込められている。

その後、「了」という言葉は、他県の知事が原子力関係の地元同意の際によく使われるようになった。「了」という言葉に込めた微妙な抵抗の意思をよく理解されたのであろう。

この時点では、私はまだ「脱原発」ではないし、むろん「反原発」でもない。

しかし、秋になって福島県と私はまたもや東電に裏切られることになった。私が東電の勝俣社長と一緒に福島第二原発一号機を視察した翌日、またもや原子炉の操作ミスが起きていたことが明らかになったのである。事故はまさに私が視察したその日に起きていたのだ。「なんということだ」。私は頭を抱えるばかりであった。

一〇月、政府は「エネルギー基本計画」を閣議決定した。内容は、原子力を基幹電源に位置付け、プルサーマル計画を中軸とする核燃料サイクルを維持、推進するというものであった。

私たちの意向と要望はまったく無視され、原発再稼働に向けて号砲が高らかに鳴らされたのである。彼らにとっては祝砲だろうが、私たちには威嚇としか聞こえない。

「行列のできる法律相談所」の著名弁護士

原子力行政と原子炉運転のお粗末な実態については、書いているほうもうんざりするくらいだから、読まれている読者もさぞかし呆れ果てているのではないか。しかし、もう少しお付き合い願いたい。まもなく、私と原子力ムラとの闘いの幕引きがやってくる。

その幕開けの場は、二〇〇四年一二月二二日の原子力委員会である。この年の八月には福井県の関西電力美浜原発で死者四名、負傷者七名を出す国内最大の原発事故が起き、原発不信の世論が高まりを見せていた。

私は急遽、その会議に出席することになったのだが、なんとその原子力委員会の会合は「福島県知事のご意見を聞く会」と名を変えていた。

私は積もりに積もった怒りを抑え、安全対策に的を絞って意見を述べた。今や原発政策が〝ブルドーザー〟どころか〝戦車〟のごとく進められている。はじめにスケジュールありきで、問答無用のやり方ではないかと批判した。返す刀で、美浜原発事故の責任者である関西電力の藤洋作社長がいまだに電事連の会長にとどまり、原子力委員会の委員として臆面もなく発言を続けていることに苦言を呈した。そして、安全を司るべき保安院が推進の役割を果たしていることについても本末転倒と非難した。

「痛切に感じるのは、原子力政策は民主主義の成熟度を測る素材であるということです。原子力政策は、欧州の多くの国では国会の議決や国民投票で決められております。しかしながら、わが国の場合、これまでの原子力長期計画は原子力委員会の決定後、閣議報告のみで決められています。

さらには、原子力発電は、国会が制定したエネルギー政策基本法にはまったく記述がなく、閣議決定後定められるエネルギー基本計画になってようやく出てくるのです。

原子力政策を円滑に展開するには国民的合意が不可欠です。欧州などでは、一般市民が専門家と対話しながら科学技術について評価するコンセンサス会議が持たれていると聞いております。わが国においても専門家による検討に加え、それを踏まえての国民的な議論を政策決定プロセスに組み込むべきです。専門家が決めたことを国民に押し付ける時代ではなくなっています」

私は以上のように述べ、核燃料サイクルについてニュートラルな組織で検討するよう提案した。

これに真っ先に反論してきたのが、児嶋眞平福井大学学長（当時）である。福井県の「もんじゅ安定性調査検討専門委員会委員長」の任にあり、高速増殖炉計画の旗振り役を務める、いわば原子力ムラの長老だ。児嶋氏は情報は十分に国民に伝えられており、これ以上の議論は不要だと述べ、藤洋作氏が原子力委員会の委員にいるのも、何の問題もないと強弁したのである。これにはさすがに、開いた口がふさがらなかった。

「フランスは一六年もかけて原発政策を議論している、ドイツは二〇年もかけて議論している。三、四回、四～五カ月でこういう結論が出るのがいいのか、悪いのかということです。福島で万が一放射能漏れでもあったら、会津も含め、全県の農作物が売れなくなる。国民の目から見てどうか、という良識で判断しなければなりません」

こう私が言ったときに、弁護士の住田裕子氏が口を開いた。日本テレビの人気番組「行列のできる法律相談所」に出演することで知られるようになった人だ。しかしこのとき私は住田氏のことは知らない。若い女性が何か喋《しゃべ》っているくらいの認識しかなかった。

彼女はこう言った。

「(いろいろ批判はあり、重く受け止めるが)決めなければいけないというのが、今の世代の私たちの務めであるとするなら、きちんと決めるべきだと私は思います」

(もういい加減に決めましょうよ)

と言うのである。

ちなみにこの人は、冤罪事件として有名な「草加事件」の主任検事を務めた人物である。テレビ朝日の報道番組「サンデープロジェクト」で詳しく報道されたからご存じの方も多いだろう。私はこう反論した。

「〝いついつまでにやらなきゃならない〟という強迫観念はどこから出てくるのでしょうか。四～五カ月でやらなきゃならない問題なのかどうか。住田さんもそう思わせられているのですね」

するると、住田氏が憤然と言った。

「失礼ね」

「なぜ、いま決めなければならないと思われるのですか？　政策を変更した場合と、しないでいた場合のリスクがどうなるか、従来の原発を続けた場合とプルサーマルをやった場合のリスクがどう違うかについて、原子力委員会で説明があったのでしょうか。住田委員が判断できるような情報を徹底的に出せるのは原子力委員会、そして委員長だけなのです。徹底的に議論を尽くさなければなりません」

住田氏がまた、

「失礼だわ」

と言った。

すると、木元教子委員（評論家・ジャーナリスト）が、

「今日の話はしっかり受け止めます」

と一言発した。

木元委員は原子力委員会の中の唯一の良心派だったと思う。検察庁という国家権力の牙城に長らく住んだ住田委員の役割は推して知るべしである。

その後、関西電力の藤社長は身内の経済界からも強く批判され、翌年の二〇〇五年三月退任する。木元氏はその後、原子力委員を実質退任する（させられた？）のだが、その際、内向きの姿勢が強まる原子力委員会のあり方を強く批判した。

プルサーマル計画を受け入れた福島県

原子力ムラの巻き返しによって、原発立地の自治体は次々にプルサーマルの受け入れを表明していった。

〇五年一〇月、原子力委員会で核燃料サイクルを当初どおり進める「原子力政策大綱」が了承され、閣議決定される。同月、青森県が国内初の使用済み核燃料中間貯蔵施設の立地を認める。

〇六年一月、原子力委員会が各電力会社の発表したプルトニウム利用計画を妥当であると認める。同二月、佐賀県が九州電力玄海原発三号機でのプルサーマル計画を容認。同年三月、青森県六ヶ所村の日本原燃再処理工場のアクティブ試験が始まる。

しかし、原発事故がやむことはなかった。

二〇〇七年七月、新潟県中越沖地震が発生、柏崎刈羽原発が自動運転停止。炉心冷却装置の一台が故障して放射性物質を含んだ水がプールから漏れ出し、関連施設では火災が発生する。

二〇〇八年一二月、静岡県の中部電力浜岡原発の一号機と二号機が、耐震性の不足を理由に廃炉を検討していることが明らかになる。

アクティブ試験を開始した六ヶ所村の再処理工場も、たびたび試運転を停止し、本格稼働のめどはまったく立たない。

こうした中で二〇〇六年八月、原子力安全委員会の委員が抗議の辞任をするという事件があった。辞任したのは神戸大学名誉教授の地震学者、石橋克彦氏である。石橋氏は耐震指針検討分科会が、四月に実施したパブリックコメントの意見をほとんど取り入れないとして、次のように抗議の発言をした。

「私は地震科学の研究者として、自分の知識や考え方を極力その社会に役立てたいという気持ちでこの会に参加してきたわけでありますけれども、このような分科会のありさまでは、このままここにとどまっていても、私は社会に対する責任が果たせないと感じます。（中略）この状況では、むしろ私としてはパブコメを寄せてくださった方に対する背信行為を行いつつあるような感じがします」

形だけのパブコメ募集で事を済まそうとする委員会の体質を批判したのである。

「(委員たちへの謝辞を述べたあと)しかし、最後の段階になって、私はこの分科会の正体といいますか本性といいますか、それもよくわかりました。さらに日本の原子力安全行政というのがどういうものであるかということも改めてよくわかりました。

私が辞めれば、この分科会の性格というものが非常にすっきり単純なものになるだろうと思います」

痛烈な皮肉であった。「あなた方は、みんな御用学者じゃありませんか」と言ったも同然である。「原発の安全・安心はお題目にすぎない」と。

新潟県中越沖地震が柏崎刈羽原発を襲ったのは石橋委員辞任の翌年のことである。残った分科会の委員たちはそのとき、何を感じたのだろうか。

第2章

脱原発知事を抹殺せよ

原子力ムラにとって私は黙殺して済む存在ではなくなってきた。私を社会的に抹殺しようとする動きが加速してきた。

国または超国家的な利権組織が自分たちに都合の悪い政治家を抹殺する際に使う古典的な手法は、「政治とカネ」に引っ掛けて疑獄（贈収賄）事件をねつ造することである。

古くはシーメンス事件（一九一四年）、造船疑獄（一九五四年）、ロッキード疑獄（一九七六年）、リクルート事件（一九八八年）など歴史的に有名な疑獄事件があった。それらがすべて国家権力、あるいは政敵によるでっち上げであったかどうかは議論のあるところだが、最近では元民主党代表の小沢一郎氏（現生活の党と山本太郎となかまたち共同代表）の政治資金問題があった。渦中の人とされた政治家はいずれも政治生命を失うか、または事実上政治活動から身を引かざるをえない。裁判では無罪となった小沢氏でさえも、現時点では往年の政治力を失ったようにみえる。

国（原子力ムラ）の原発政策に厳しく対峙してきた私に仕掛けられた罠は、「官製談合」であった。

国（原子力ムラ）の意向を受けた（斟酌《しんしゃく》した）検察権力・東京地検特捜部は、ありもしない贈収賄事件をねつ造して私を抹殺しようとはかる。私は収賄容疑で逮捕・起訴された。裁判では検察側の有罪主張がことごとく論破されたにもかかわらず、前代未聞の有罪判決を受ける。

どうしてこんな不条理が罷《まか》り通るのか。

「（福島県）知事は国のためによろしくない。いずれ抹殺する」

一緒に逮捕された私の弟、祐二の取り調べに当たった森本検事が吐いたこの言葉が、私の事件の真実を物語る。

検察にとって、ターゲットにした政治家が本当に罪を犯したかどうかは問題ではない。逮捕・起訴することで政治家の政治生命を奪うことが目的なのである。それは、立派な国家犯罪である。

「まさか！」と思われる方も多いだろう。「検察はそこまでやるの？」と疑う人も多いだろう。しかし、これから私の話すことは、法治国家日本で現実に起きたことである。

メディアによる「人物破壊攻撃」

私が原子力委員会に出席して関西電力の藤洋作社長を批判し、住田裕子弁護士の発言を強くたしなめた直後の二〇〇四年一二月二八日、仕事納めの日であった。週刊誌アエラの記者を名乗る長谷川熙という人物が県庁を訪れた。私への「質問書」を手にしていた。

その質問書の内容は、私の父が起こした家業で私の弟が引き継いで経営していた「郡山三東スーツ」の本社・工場の売却や融資について聞きたいというものだった。

私は大学卒業後、郡山に戻り、父と大東紡と三井物産、三者の合弁会社となっていた郡山三東スーツの仕事に就いた。けれど、二四歳から始めた日本青年会議所の活動が忙しくなり、経営を弟に任せて仕事から離れていた。取締役として籍はそのままだったが、名目的・形式的なものだった。その後、参議院議員になり、知事に就任した後は役員報酬も受け取らず、完全に会社から離れていた。

私はその後も筆頭株主ではあったが、同族会社の株式であり知事の資産公開でリストに載せようとしたら「上場企業以外の株は資産価値がないから公開の必要がない」と、担当の職員に言われたほど、価値のない株式である。

ところが、年が明けた二〇〇五年の一月、「知事大株主企業の不可解取引」という大きな見出しの記事がアエラ一月三一日号に掲載された。郡山三東スーツが本社の土地と工場用地を「水谷建設」に売却した。水谷建設は前田建設工業のサブコン（下請け）であり、前田建設工業は県発注の土木工事を受注している。発注者の立場にある福島県知事の私と癒着があるのではないかと記事は書いていた。

これはまったくの曲解だった。

会社の土地を売却するという話は弟からごく簡単にあったと記憶しているが、相手が水谷建設とは知らなかった。また、県土木工事発注者の名義は確かに知事である私だが、二代前の木村守江知事の時代に大規模な汚職事件が摘発され、その後、入札や発注などの仕組みは土木部が独立して行い、副知事が決定して承認するという、知事にはまったく知らされないシステムができ上がっていた。私と弟の会社をつなぐのは「大株主」という地位だけだが、同族会社なのでそれは名目にすぎない。

川手副知事にも相談し、広報室長、秘書課長にも手伝ってもらい、その旨の回答をアエラにちゃんと送付したにもかかわらず、アエラはそれを無視して記事を書いた——。

読売新聞も後追いでアエラの記事の焼き直しのような大きな記事を掲載したが、その後の動きは何もなかった。複数のメディアの記者から「通常の土地取引で、事件性はないと判断した」と聞いた。

しかし、メディアの攻勢はこれで終わったわけではなかった。第三弾が出たのである。同年の五月、今度は新潮社の月刊誌フォーサイトの六月号に、「エネルギー危機の『日本的帰結』とは」という、思わせぶりな記事が載った。

同記事は、アエラと読売新聞の記事を紹介した後で、私についてこう書いている。

「反原発派ではないが、地方権力のトップだけに経済産業省・資源エネルギー庁や原子力安全・保安院ほか研究機関や関連業界を含めた『原子力ムラ』にとっては、福島のせいで国と地方の地位が逆転した、というほど厄介な存在だった。（中略）五期目の佐藤福島県政は難攻不落なのだ」

原子力ムラと私の関係を、原子力ムラの立場からこう解説してから、おそらく経産省の官僚と思われる人間の発言を紹介している。

「どの国でもエネルギー政策は国家の基幹でしょう。それを日本だけは、地方の鼻息をうかがわなければならないなんてあまりに不条理だ」

記事はこう締めくくっている。

「佐藤知事が沈黙を余儀なくされるとき、必ず原発建設再開が浮上する」

福島のトゲを抜け、経産省内ではそうささやかれているとも、この記事は書いていた。福島のトゲ、すなわち私を葬り去れということだ。

「アエラ（朝日新聞社）」→「読売新聞」→「フォーサイト（新潮社）」と記事の内容はだんだん露骨になり、私を社会的に貶《おとし》める意図が明確になっていった。これを「メディア・スクラム」という。ある事件をメディアが暗黙の裡《うち》に結束して取り上げ、中心人物を集中的に攻撃する。当事者の弁明はほとんど無視される。

アムステルダム大学名誉教授でジャーナリストのカレル・ヴァン・ウォルフレン氏は、これを「人物破壊攻撃」と呼んでいる。

ウォルフレン氏は著作『人物破壊』(角川文庫)の中でこう書いている。

「人物破壊攻撃(character assassination)は、具体的には何を意味しているのだろうか？実は、ヨーロッパ諸国やアメリカではよく使われる表現である。(中略)標的とする人物を実際に殺さないまでも、その世間での評判や人物像を破壊しようとする行為を指す。これは、相手がライバルだから、自分にとって厄介な人物だから、あるいは単に敵だからという理由で、狙いを定めた人物の世評を貶める、不快で野蛮なやり方である。人殺しは凶悪犯罪であるが、人物像の破壊もまた、標的人物が命を落とすことはなくとも、その人間を世間から永久に抹殺するという点では人殺しと変わらない」

私はまさに、この「人物破壊」の標的にされたのだった。

その後、朝日新聞記者は「問題ない、普通の商取引と本社は判断した」と語り、読売新聞の福島支局の記者は、自分が書いた記事ではないと私の秘書に言ったそうである。しかしメディア・スクラムの渦中では、個々の記者の良心が紙面に反映されることは少ない。冤罪をつくり上げる一方の当事者はメディアなのである。

この三つのメディアが、ある筋からの働きかけ(リーク)で時間効果を計算しながら動いた(動かされた)と想像しても、あながち的を外したとは思わない。

「佐藤知事が沈黙を余儀なくされるとき」は、約半年後の九月から一〇月にかけてやってきた。「原子力ムラ」と私の対決は、司法権力が介在して突然幕を下ろすことになる。

知事辞任そして逮捕

東京地検特捜部が動いた。

二〇〇六年九月二五日、私の弟の祐二が入札妨害罪（談合罪）で東京地検特捜部に逮捕され、二七日に私は道義上の責任をとる形で福島県知事を辞した。

この辞任会見は一〇分で終わったが、帰りがけに朝日新聞の斎藤智子記者は「知事、冤罪ですね！」と声をかけてきた。「国策捜査ではという声もありますが？」という言葉が続いた。

一〇月二三日には私も東京地検特捜部に逮捕される。

二三日の午後三時、私と秘書は東京地検特捜部の「話を聞きたい」という電話で、指示された郡山市内のホテルハマツの地下駐車場に向かった。地下駐車場に着いて車を降りると、男が待っていて、茶色のワゴン車に乗り換えるように言う。男は東京地検特捜部の検察事務官だった。車の中には検察官がいるということだった。

私は驚いて「ここで話を聞くのではないのですか」と尋ねると「東京に向かう」。

車は郡山インターから高速道路に乗り、そのままノンストップで東京へ、とっぷり暮れた夜空の下を小菅の東京拘置所に入った。私は「塀の中」に送り込まれた。そのとき私が手に提げていたのは数冊の本と下着だけだ。特捜部から呼び出されたとき、このまま東京へということになるかもしれないという予感は抱いていて、ホテル数泊の準備はしていたのである。だが、まさか小菅拘置所へ直行するとは夢にも思わなかった。

逮捕容疑は「収賄罪」。このことを私は逮捕状を示されて初めて知ったのである。

このとき、知事就任以降、好むと好まざるとにかかわらず続いてきた、足かけ一八年に及ぶ私と原子力ムラとの闘いは終りを迎えた。正確に言えば、国家の意思として私を社会的に葬り去る一連のオペレーションが完結したのである。

このとき私の弁護士である宗像紀夫氏は、「なんで、知事が逮捕されるの?」と信じられないという顔をしたそうである。

宗像氏は元東京地検の特捜部長で、ロッキード事件やリクルート事件の捜査を指揮した人物、いわゆる「大物ヤメ検弁護士」である。さらに、私の二代前の木村守江知事の贈賄事件の取り調べに当たった方でもある。宗像氏は三春町の出身で、安積高校で私の二年後輩にあたる。その辣腕《らつわん》の元検察官、宗像氏が古巣の東京地検による逮捕に驚いたのである。それほど私の逮捕は「ムリ筋」だったということである。

これは後で知ったことだが、この日の毎日新聞の夕刊に大見出しの「福島前知事 逮捕へ」という観測記事が載った。私が実際に逮捕されたのは、この日の夕刻であったにもかかわらず。

検察が事前にリークしたものとしか考えられない。

この事件の経緯や特捜部との攻防は拙著『知事抹殺』に詳しく書いたので、ここでは割愛する。

ちなみに震災直後、友人より連絡があり、『知事抹殺』から原子力行政の部分を引用したあるブログがランキングの上位に入っていると教えてくれた。あいにく私のパソコンは震災の二日前から故障していて自分で確かめることはできなかったのだが、これがきっかけとなったのか、『知事抹殺』は店頭ばかりかアマゾンでも売り切れとなり、しばらく入荷待ちが続くという状況になった。おかげで私の事件の冤罪性はだいぶ世間に知れ渡ったのである。

逮捕後は連日苛酷な取り調べが続いた。

私は事実無根を主張し、検察と真っ向から対峙した。

しかしその私も、やがて担当の山上秀明検事の巧妙な誘導と恫喝に屈し、不本意で事実無根の「自白」に追い込まれていくのである。

これは、拘置所を出た後でわかったことだが、塀の外の事態は日を追って深刻になっていた。私の周囲でも特捜部から事情聴取される人がたくさん出てきた。特捜部が片っ端から東京に呼びつけるのである。そのせいで自ら命を絶った人もいる。彼らにすまないと懊《おう》悩《のう》し、呻吟《しんぎん》する日々を送ることになった。

「自白」の日の午後、接見に来た宗像紀夫弁護士と藤原朋奈弁護士に私はこう言った。

「先生方には申し訳ないですが、これだけ広い範囲の人に迷惑をかけています。私の近くにいる県会議員や支持者たちが軒並み、取り調べで呼ばれています。私は〝万死に値する〟と道義的に感じており、この辺で店じまいにしたいと思います」

涙が流れ、体が震えているのが自分でもわかった。私の事件で取り調べを受け、自殺をはかった人が二人も出ている。

「これまでいろいろ国家権力と闘ってきましたが、周りにこれ以上迷惑をかけられません。宗像先生には申し訳ないですが、第二の人生を考えようと思います」

私は宗像弁護士に、息子への伝言を託した。

「小学校四年生のときのストライキにはじまり、高校三年の授業サボタージュ、麻生太郎の後継者と闘った青年会議所会頭選挙、参議院選挙、福島県知事になってからは原子力、教育、過疎地問題、地方分権・道州制反対など、常に県民の視点から闘い、知事になってからはとくに、霞ヶ関との闘いをやってきた。しかし、国家権力との闘いはそろそろ店じまいにします。皆の苦労を考え、全体的な判断をしていくので、心配しないでみていてください」

息子は私宛の伝言を宗像弁護士に託していて、それへの返答であった。息子の伝言はこうだった。

「母（私の妻）は、事情聴取に対して、『夫は何もしていない』と検事にくってかかったようだ。母と姉たちで、東京拘置所の周りをぐるりと一周した」

私が釈放されたのは一一月一三日のことである。延べ二一日間の拘留であった。

冤罪のつくられ方1「共謀」

検察がつくり上げた冤罪の構図は次の図のようなものだった。

事件の舞台は二〇〇八年に竣工した木戸ダム（楢葉町）であった。木戸ダムは、福島第二原発や広野火力発電所が使用する水の供給源の役割も担う重要なダムである。特捜部の描いたストーリーはこうだ。

「木戸ダムの発注で官製談合が行われており、県側は知事の弟の祐二が窓口になって話を

東京地検特捜部が描いた事件像

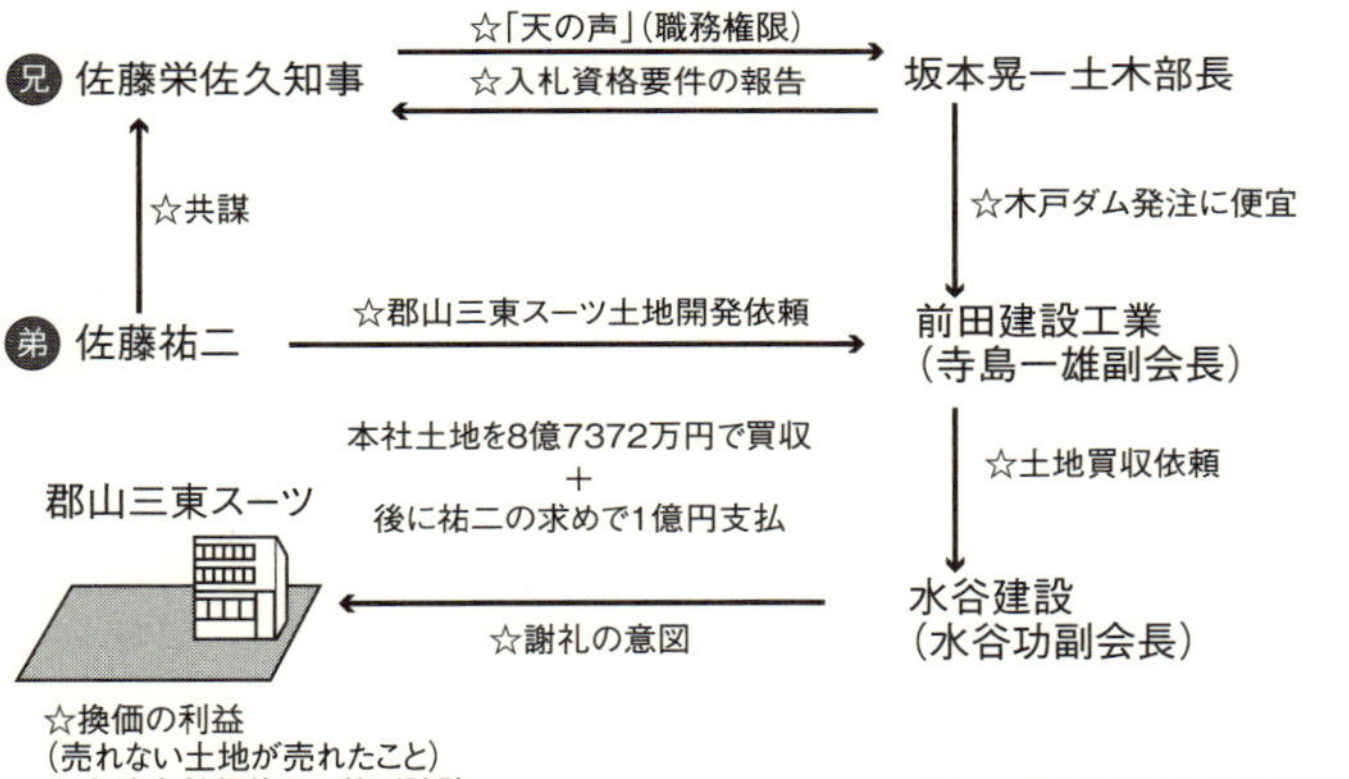

出典：『知事抹殺』(平凡社)

まとめた。発注権者の知事が祐二に隠れる形で、県職員に働きかけて（「天の声」を発し）、前田建設が受注できるように便宜を図った。ダムの受注に成功した前田建設は、下請けの水谷建設を使い、買い手のつかない郡山三東スーツの土地を高く買い上げた」

郡山三東スーツは弟の祐二が経営する会社で、私が筆頭株主であった。私が選挙資金をねん出するために、祐二の会社の土地を前田建設に買わせたという主張である。

収賄罪は「身分犯」である。公務員の知事が主犯でなければ犯罪は成立しない。そこで特捜部は祐二が「知事の隠れ蓑」として、建設業者と県幹部の間をつないで県発注の公共工事の談合をセットしたと見立て、発注権限を持つ私を「主犯」、祐二を「身分なき従犯」

として立件したものである。

ならば、私が受け取ったとされる収賄額はいくらなのか？　検察の起訴状には、こうあった。

「佐藤知事は祐二と共謀して、木戸ダム本体工事の一般共同入札に際して、前田建設ＪＶが受注できるよう便宜を図った。前田建設はその謝礼として、サブコンの水谷建設に指示して、時価八億円の郡山三東スーツの土地を九億七〇〇〇万円で買い取るように求め、平成一四年八月二八日に約八億七〇〇〇万円、九月三〇日に一億円を振り込ませて、土地をお金に換えた。この換金の利益と、時価と売買価格の差額約一億七〇〇〇万円を収賄した」

私のまったくあずかり知らぬことだった。だが前述したように、私はそれを認める自白調書にサインさせられていた。裁判ではむろん、それを全面否認した。自白を強要されたものとして、全部ひっくり返したのである。

第一、私はその売買代金を一円たりとも受け取っていない。要求もしていない。贈賄側の人間も知らない。特捜部は、私をめぐるカネの流れを徹底的に調べ上げたが、証拠を見付け出すことはできなかった。

裁判の焦点は「私が祐二と共謀していない」ことと「天の声を発していない」ことに絞られた。私がこれを証明できないと有罪ということになる。

弁護団は「無罪」を確信していた――。

私が祐二と共謀していないことを証明する前に、まずこの土地取引が通常の商取引であったことを言っておきたいと思う。土地の売買仲介に当たった不動産業者徳田慎一郎氏(仮名)が裁判でこう証言している。

①徳田氏は不動産業者とし商業用地を方々物色していたが、郡山三東スーツの土地に着目し、徳田氏のほうから祐二に土地を売らないかと持ちかけた。
②祐二は、徳田氏との交渉の中で一〇億円ほどで売りたいと言った。
③徳田氏は初めは土地を探していた創価学会にこの話を持ち込んだが、創価学会側の都合により、中途で取りやめになった。
④最終的に水谷建設が買うことになった。
⑤水谷建設への売却価格は優良テナントを入れて価値を高めた結果であり、不当な高額とは言えない。

このとき水谷建設は、すでにこの土地にあった駐車場の一部を買い取っており、結果としてこの土地のすべてを買い取り、地元大手のスーパー、ヨークベニマルとマツモトキヨシをキーテナントとするショッピングセンターを建設した。開店後は県下でも集客力を誇る優良店舗となっている。徳田氏の言うとおり、水谷建設にとって〝高すぎる買い物〟ではなかったことになるし、検察の主張する〝売れない土地〟でもなかったのである。

特捜部は、この客観的な経済的事実（商取引）を意図的に無視した。

兄弟の相克

さて私と祐二の「共謀」についてだが、私はこの土地取引の一切の経緯と内容についてまったく知らなかった。ただ、祐二が売買の前に私のところにやってきて「土地を売るつもりだ」と言ったことはある。私はうすうす郡山三東スーツの経営状況が芳《かんば》しくないことは聞いていたので（やむをえないか）と感じたが、そのときは何も言わなかった。

ましてその売り先が水谷建設であることなど全然知らなかった。知っていたなら止めていただろう。知事という立場からすれば、ゼネコンに親族会社の土地を売却するなどということは望ましくない。私は知事就任以来、そうしたことは一切許さないと家族や親族に厳しく戒めていた。

私と祐二との間の共謀の不在は、意外なことで証明された。

二〇〇七年一一月一六日、祐二の被告人質問が行われた。深野裁判官の補充質問の中で祐二が答えた。その一部を拙著『知事抹殺』から抜粋する。

深野裁判官は、土地売買を（祐二が）私に相談しなかったことについて尋ねた。

「ビジネスとしては、兄弟だろうがそこはけじめのつけどころで、きちんと説明しなきゃいけないかと感じますが、なぜ、土地売却を株主でもある栄佐久被告人には説明しなくていいという判断があったのでしょうか」

するとと祐二は、突然、意外な話を始めた。

「みなさんが考えるような……決して仲は悪くないのですが、そんな相談もできる（兄弟関係ではないのです）……子どもの時から、（兄を）避けていた方が自分も気が楽だというようなこともあったりして、相談はほとんど意識的にしてなかったというのが実態です」

「大株主（栄佐久）の反対があると、時として社長の立場自体を失う、お家騒動が起こることもありうる。そういう意味でも説明の必要性は感じられなかったのですか」

「ええ、社長を自分に任されてから、私は、〝これは責任を持ってやっていくんだ〟と、知事は知事で福島県のために頑張ってもらえばいいのだと決意して一線を引きました。

できるだけ心配するようなことは耳に入れないほうがいいという感覚と、何かまたどなられたりするのもいやでしたし、自分の責任の下でやっていこう、という感覚が非常にありましたので、言おうという気はまったくなかったです。

これはプライベートなことですが、知事も私も同じ高校（安積高校）で、県の一，二の進学校ですが、常に知事は首席で、私は決して落ちこぼれではなく一生懸命やっていたのですが、担任に『なぜお前は勉強しないんだ、兄貴は優秀なのに』と怒られ通しで、担任教師の自宅にまで連れて行かれて勉強させられました。やっと帰らせてもらって自宅に着いた瞬間に、兄が東京から帰ってきていたので（頭にきて）二、三発バシンと殴ったことがありました。本人はなぜ私にやられているかわからなかったと思うのですが、すぐ私はぽーんと兄に担ぎ上げられて、一回で決められて負けてしまった。

頭にしてもケンカにしてもかなわない。何も勝てるものがない、だから、〝この会社は自分で〟という意識は強くありました。そのあたりはよその兄弟と違う面があったのかなとは思います」

驚いた。初めて聞いた話だ。私自身の記憶の底を探っても、そんな記憶はまったく浮かんで来ない。そういえば、私が小学校三、四年で祐二が小学校に入る前だったと思うが、何かのいさかいの時、祐二が刃物を持ってかかってきたことがあった。もちろん本気ではなかったのだろうが、すぐ取り上げたのをおぼえている。もし祐二の言ったことが本当だとすれば、祐二は私の気がつかないところで、相当傷ついていたのではないか。

私が何も気にならないことが、祐二にとってはまったく違う、重い意味を持っていたのだ。そんな「兄弟の相克」に、私はすべてを失ってから、法廷で気づかされることになった。

祐二のこの証言が裁判官にどんな心証を与えたのか、私にはわからない。けれど、私にとっては何より確かな「共謀不在の状況証拠」に感じられ、祐二への感謝の念が湧いて、胸を衝かれた。

冤罪のつくられ方２「天の声」

次は「天の声」のなかったことの証明である。

検察の起訴状では、私が「天の声」を発した相手は、県の土木部長坂本晃一である。坂本を土木部長に任命したのは私である。真面目な仕事ぶりを評価したからである。その坂本が、あろうことか、私から、「前田建設に仕事を出せ」という天の声を聞いたと特捜部に供述したのである。その内容はこうだ。

九九年二月、祐二から自分（坂本）に電話があり、「木戸ダムの件で前田建設があいさつに行くからよろしく頼む」ということだった。

私はそれを聞き、祐二が木戸ダム本体工事を前田建設に受注させたいのだと思料し、前田建設が入札要件を満たしているかを部下に調べさせた。

二〇〇〇年一月初旬、土木部の人事案件を相談するために知事室を訪れたところ、知事から「木戸ダムは前田が一生懸命営業しているようだな」という〝天の声〟を受けた。


坂本は以上のように特捜部の調べで語り、裁判でも同じ証言をした。私は拘留中に山上検事から突き付けられた読売新聞の「〝前田が熱心〟と坂本が供述」という記事を見せられたことを、坂本の証言を聞きながら思い出した。私はこの記事を見たことで、それまでの全面否認から虚偽の自白へと傾いていったのである。坂本の証言はまったくのつくり話だ。私は聞きながら呆然とし、現実感を失った。

反対尋問で宗像弁護士が坂本に迫った。

「二〇〇〇年一月上旬に、知事による坂本さんへの指示があったということですが、あなたの証言されている時期は揺れ動いていませんか」

「動いていません」

それではと、宗像弁護士がさらに聞いた。

「上旬を絞ると何日ですか」

「絞れません」

そのとき山口雅高裁判長が口を挟んできた。

「一日、二日、三日の可能性はありますか」

「ありません。四日（火曜日・仕事始め）もないと思います」

「すると、五日から」

「一〇日ぐらいまでの間だと思います」

「七日（金曜日）しかないですね」

山口裁判長が引き取った。


これで、「天の声」を発したとされる日が特定された。問題は、この日に私と坂本が知事室で会う時間があったのか、会った記録があるのかであった。

知事日程は秘書課が完全に管理している。分刻みのスケジュール表が作成されており、変更があれば手書きの赤字で修正されて保管される。この日の記録が出てくれば、私と坂本が会ったのか、つまり「天の声」があったのかどうかが判明する。

ここで、前に記した、私と東電の南社長との新年のあいさつの日のことを思い返していただきたい。まさにこの日の午前中、私は南社長と会い、午後はあいさつ回りに外出していた。坂本が私に会えるとすれば、午前中の南社長との話を中断するしかない。しかし、そんな事実はなかった。

坂本は五分前から秘書課に入って待機していたというが、重要な人事案件の場合に、事前に説明を受けているはずの副知事日程にも、まったくそのような事実は記録されていなかった。

「天の声」の存在が揺らぎ始めた瞬間だった。特捜部と坂本は、自分たちの掘った穴にはまったのだ。

さらに驚くべき事実が公判の中で明らかになった。坂本が二〇〇〇万円にも上る巨額の金をタンス預金していたのだ。坂本のその後の所在は不明である。

東京地裁の公判は三三回にわたった。

最後の公判が終わり、裁判官たちが退廷した後、宗像弁護士が検事たちに向かって叫んだ。

「私の時代には、シロをクロと言うようなことはなかった！」

検事たちは無言だった。

収賄額「ゼロ円」の高裁判決

しかし、裁判の結果は東京地裁、控訴した東京高裁、いずれも有罪であった。

高裁判決は「収賄罪については有罪で懲役二年・執行猶予四年、収賄額はゼロ円」という驚くべき内容であった。収賄額の認定がゼロ円なら、当然無罪であるはずである。こんな〝無法〟があっていいのだろうか。

弁護団や法律家に言わせれば、「有罪は特捜部のメンツを立ててのことで、実質無罪だ」という。しかし、有罪は有罪であり、社会に残るのは「佐藤栄佐久は有罪」という厳然たる事実である。私は、最高裁に上告した。

そして二〇一二年一〇月一六日、最高裁は私の上告棄却を言い渡し、私の刑は確定する。これを受けて私はメディア各社に次のコメントを配布した。全文を掲載する。

本日一〇月一六日、最高裁判所は、私、佐藤栄佐久の上告を棄却する決定を下しました。

私は、この裁判で問われている収賄罪について無実であり、最高裁の決定には到底、承服できません。真実に目を背けるこの国の司法に対して、大変な失望を感じています。

そもそも、この事件は「ない」ものを「ある」とでっち上げた、砂上の楼閣でした。

私と弟は収賄罪で突然逮捕され、世間から隔絶された東京拘置所の取調室で、東京地検特捜部の検事から身に覚えのない自白を迫られました。私の支持者たちが軒並み特捜部に呼び出されて厳しい取り調べを受け、それによって自殺未遂者も出ています。私は独房の中で悩み、そして、「自分ひとりが罪をかぶって支持者が助かるなら」と、一度は虚偽の自白をいたしました。

しかし裁判が始まると、収賄罪の要件は次々に崩れていきました。私が知事室で土木部長に発したという「天の声」は、不可能とのアリバイが証明されました。また、「知事への賄賂で弟の会社の土地を買った」と証言したサブコン水谷建設の水谷功元会長は、「検事との取引でそう証言したが、事実は違う。知事は潔白だ」と証言しています。特捜部の描いた収賄罪の構図は、完全に崩れてしまいました。

私の弟は、東京拘置所の取調室で、担当の森本宏検事からこんなことを言われていました。

「知事は日本にとってよろしくない。いずれ抹殺する」

今にして思えば、これが事件の本質だったのかも知れません。

私は知事在任中、東京電力福島第一・第二原発での事故やトラブルを隠ぺいする、国や電力会社の体質に、福島県二一〇万県民の安全のため、厳しく対峙していました。国から求められていたプルサーマル実施についても、県に「エネルギー政策検討会」を設置して議論を重ね、疑義ありとして拒否をしていました。事件は、このような「攻防」を背景に起きました。

大変残念ながら、その後プルサーマルを実施した福島第一原発三号機を含む三つの原子炉が、福島原発事故でメルトダウンを起こし、私の懸念は、思っても見ない形で現実のものとなってしまいました。私たちのかけがえのない「ふるさと福島」は放射能で汚され、いまも多くの県民が避難を余儀なくされる事態が進行中です。苦難を余儀なくされ、不安のうちに暮らしている県民を思うとき、私の胸はひどく痛みます。

一方、私の事件の直後に起きた郵便不正事件のフロッピーディスク証拠改竄事件の発覚によって、特捜部の、無理なストーリーを作っての強引な捜査手法が白日の下にさらされました。

当然、私の事件はすべて洗い直され、私には無罪判決が言い渡されるべきでした。しかし、最高裁は私と検察側双方の上告を棄却した、そう聞いています。

確定した二審判決である東京高裁判決は、大変奇妙なものでした。私と弟の収賄を認めたにもかかわらず、追徴金はゼロ、つまり、「賄賂の金額がゼロ」と認定したのです。そして判決文では、「知事は収賄の認識すらなかった可能性」を示唆しました。ならば無罪のはずですが、特捜部の顔も立てて、「実質無罪の有罪判決」を出したのです。

今日の決定は、こんな検察の顔色を伺ったような二審判決を、司法権の最高機関である最高裁判所が公式に認めたということなのです。当事者として、こんな不正義があってよいのかと憤ると同時に、この決定は今後の日本に間違いなく禍根を残すと心配しています。

福島県民の皆様。日本国民の皆様。

私は、弁護団とも相談しながら、今後とも再審を求めることを含めて、無罪を求める闘いを今後も続けていきます。どうか、お心を寄せていただきますようお願い申し上げます。

平成二四年一〇月一六日　佐藤栄佐久

官製談合事件の背景にあるもの

私の事件はいわゆる「官製談合事件」に擬せられたものである。もっと広く流布している言い方では「政治とカネ」の問題となる。官製談合の裏にあるのは収賄と天下りという政・官の利権である。

いま私の手元に『２００８年中学・高校受験用重大ニュース』（桐杏学園企画・編集／学研クエスト発行）という受験参考書がある。その中に「官製談合事件」という項目があり、地方公共団体の官製談合の犯罪性について次のように解説している。

「公共事業を発注するのは政府や地方公共団体であり、それを受注して仕事を請け負い、その見返りとしてお金をもらうのが企業です。官がお金を払い企業がもらうわけですから、官が『高値で発注』することは、企業の利益になっても官には何の利益もないはずです。にもかかわらず、官が企業に得をさせるのは、企業がその仕事であげた利益の一部を業界団体に納めさせたり、あるいは有利な天下り先を確保するという利権があるためです。このように、官製談合には『税金の無駄遣い』と『わいろ』という二重の悪が存在するわけです」

まことにわかりやすい。これを読んだ子供たちは官製談合への正しい認識を持つことであろう。この「二重の悪」は、検察が政治家を追い落とすための最大の武器ともなる。なにしろ、子供も含めた絶対世論を味方につけている。

私が逮捕されて三年後の二〇〇九年、民主党への政権交代が実現し、その直後に元民主党代表の小沢一郎氏が政治資金問題で起訴された。その容疑内容は表向きは政治資金規正法違反であるが、実質は私の場合と同様、「天の声」を発して違法な政治献金をさせたという、まさに「談合とわいろ」の容疑であった。小沢氏は政治生命を絶たれるかというところまで追いつめられたが、裁判の結果無罪となり、政治家引退は免れた。けれど、裁判中はいっさい表舞台に立てず、実質的にその間は小沢氏の政治生命は絶たれたも同然であった。

つまり、見方を変えれば、政治家を葬り去るために「政治とカネ」の問題が利用されている。政治家にとって「推定無罪」は事実上意味を持たない。報道された段階で政治家としての地位が危うくなり、仮に逮捕されたら、公判の結果を待つまでもなく、政治生命は終わりとなる。

検察が私を「日本のためによろしくない」として逮捕を決断したとき、「政治とカネ」の世論を沸騰させるために仕掛けたもう一つの罠があったのではないか、と私はいま感じている。

前記の受験参考書には「二〇〇六年一〇～一二月に、福島・和歌山・宮崎の三県の知事が発注工事の官製談合事件で逮捕されました。そのうち福島県知事には収賄の容疑がありました」と書かれ、ごていねいに私と木村良樹和歌山県前知事、安藤忠恕宮崎県前知事の顔写真まで載せていた。そして私が注目するのは、この参考書にあった「官製談合事件」の予想問題である。その質問文を掲げよう。

一．次の会話を読んで、あとの問いに答えなさい。

2006年福島・和歌山・宮崎3県知事の官製談合事件

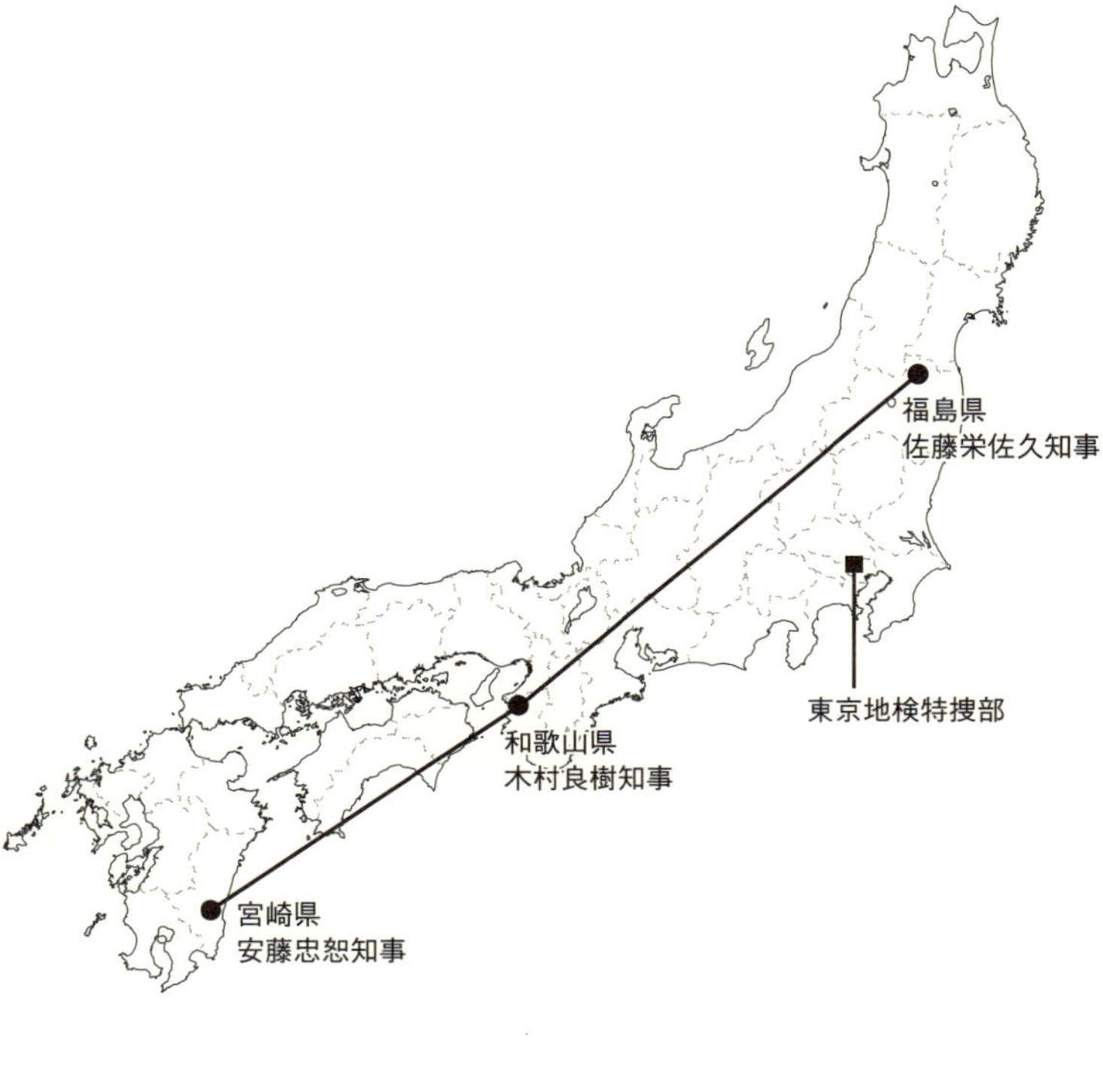

桐山先生「二〇〇六年に官製談合が明るみになった三県の三つの県庁所在地を地図帳で結んでごらん。だいたい一直線上にならぶね」

杏子さん「しかも、ほとんど等間隔になっているわ、この三県」

学くん「事前に示し合わせていたのかな」

迂闊《うかつ》にも、気付かなかった。福島・和歌山・宮崎の県庁所在地を結ぶとほぼ一直線になり、しかも県庁所在地がほぼ等間隔に並んでいる。これは、どういうことだろう？　そして、学くんが言っている「事前に示し合わせていたのかな」も、意味深である。

この参考書を見付けてきたのは、私の支持者である元教育関係者だ。彼はこう、絵解きをした。

「先生（私のこと）ひとりをターゲットにしたのでは、露骨すぎて少し具合が悪い。どこかもう二つぐらいを同罪で同時に挙げて世論を盛り上げてはどうかと検察は考えたんではないですか。そこで適当に線を引いて、その線上にある和歌山と宮崎に標的を定めた。検察はそうした自治体首長の不始末情報を日頃から集めていて、必要なときにいつでも使えるようにしているのではないでしょうか」

う〜む。私はうなった。

「そうすると、学くんの『事前に示し合わせていたのかな』というセリフは、検察が示し合わせて福島以外の二県を決めたということか？」

私の支持者は大きくうなずいた。

もし彼の推測が正しければ、これはとんでもないことだ。福島県は東京地検、和歌山県は大阪地検、宮崎県は宮崎県警、二つの地検と一つの県警が同時に汚職捜査に着手したことになる。メディアが大騒ぎしたことは言うまでもない。そこに何らかの意図を疑ってみることは不自然ではない。

そうであれば、私のために二人の知事が道連れ逮捕されたことになる。木村氏と安藤氏は逮捕されて、当然のごとく知事を辞任している。安藤氏は出所して三カ月後の二〇一〇年四月三〇日に病死された。獄中での心身の耗弱が病の快復を妨げたことは、容易に想像できる。

私が「木村知事辞任」のニュースを知ったのは東京拘置所の独房の中である。拘置所内のラジオニュースで聞いたのだ。これもいま思えば不思議なことである。拘置所でラジオニュースを流すことなどあまりないことなのだそうだ。私にそのニュースを聞かせたかったのだろうか……。

木村知事は若手の改革派として衆望を集めていた。全国知事会では彼と私が幹事となり、地方分権を目指す知事一〇人で政策づくりをしてきた中心メンバーだった。

木村知事は道州制推進の委員長として活躍し、私は反対派の急先鋒としてその決議を潰すという正反対の立場となったが、彼の道州制導入論は独自に考えられたもので、その志は理解できた。木村知事は大阪地検に逮捕された。

木村知事の逮捕を知ったとき、私は取調室で山上検事にこう言った。

「木村知事の事件は、うがった見方をすると、道州制の反対派と賛成派の知事両方を逮捕することで、道州制の論点隠しを図っているのではないか？」

山上検事は即座に否定した。

木村知事も私と同様、冤罪であると私は考えている。

私が逮捕されたのは、どうやら国の原子力政策に異議を唱えてきたことだけが理由ではないようだ。

ちなみに、二〇〇六年の三県知事の収賄容疑での逮捕は、憲法改正と道州制導入を掲げた第一次安倍政権下で起きたことである――。

東京地検特捜部の劣化は由々しき事態だ

私の取り調べを担当したのは主に山上秀明検事、森本宏検事と、助っ人に駆り出された大阪地検の前田恒彦検事、そして包括的に事実を構成する詳細な調書を作成した佐久間佳枝検事である。

とくに森本、佐久間両検事は取り調べのころから、名前が強く記憶に残っている検事である。

水谷建設元会長の水谷氏に「取引を持ちかけた」検事が誰であったかは、調書をとったこの二人のいずれかであろう。

森本宏検事は、「知事は日本にとってよろしくない」の発言その人で、その人格を破壊するような取り調べ手法に関して、一審の法廷でもその調書の任意性を問うべき証人として出廷していた。

森本検事は祐二に対してこんな言辞を吐いている。

「中学生の娘が卒業するまでここから出さない」

「息子たちも証拠隠滅で逮捕する。福島県内ずたずたにしてやる」

「知事の支援者もやられるぞ。絞り上げる」

また佐久間佳枝検事が、私の旧友である事件とは無関係な経営者に対して精神的拷問のような取り調べを行ったことを、私は当事者本人から聞いている。

佐久間検事は旧友をこう恫喝している。

「地検を敵に回すのは国家を敵に回すということだ。あなたの会社は絶対つぶす」

佐久間佳枝検事の言葉のメモはいま読み返しても、その卑劣さ非道さに激しい憤りが蘇ってくる。

ただ、これは検事個々のパーソナリティの問題ではなく、それぞれの検事がすべて同じベクトルで、ごく普通の罪のない人々に、逃げ場のない密室で激しい精神的圧迫を加えていったのだ、ということは当初から実感していた。これはやられてみなければ信じがたいが、取り調べられた者にとっては常識なのではないだろうか。

原発の件で中央省庁の官僚と向き合うなかで、私は、「官僚には顔がない」と痛感し、そのことを常々、部下や関係者に忠告していた。官僚は役職、役所の名前の後ろに隠れ、一切責任をとらない。それが官僚の傲慢な「無謬性」というものだと指摘したのである。

私の事件とほぼ同じ構図の村木厚子氏（現厚生労働省事務次官）の事件、そして小沢一郎氏の陸山会事件、他にも多数あると思われる表出していない冤罪事件について、虚構の自白の強要、調書・証拠のねつ造、隠ぺいを、検察官個人にその責を帰して収束すべきものではないと私は思う。

検察の組織からはじき出され訴追された前田恒彦元検事の後ろで、自分に指弾が向かわず胸をなでおろしている検事、自分の行っている不正義に気付きもしない検事が、今も多数検察庁にいるのは、日本の民主主義、公正な裁判に重大な影を落としている。トップから変わらぬ検察組織の構造的体質をこそ、変えなければならない。

最高裁第一小法廷の問題点

司法の劣化は検察庁だけではない。ここで、私の審議を担当した最高裁判事の構成について、重大な疑義を提起したい。裁判の公平性が著しく疑われるからである。

私の判決を下したのは最高裁第一小法廷であった。最高裁第一小法廷には五人の裁判官が所属しており、その中に私の事件に次長検事としてかかわった横田尤孝氏がいた。

横田氏は、次長検事として当時の特捜部長大鶴基成氏の捜査をコントロールすべき立場であった人で、当然私の起訴の判断にもかかわる職責にあった。

横田判事は、最高裁の棄却判決の際に「私は審理には加わらなかった」と、わざわざ弁明しているが、かなり高位の検察側の当事者が判事団の一員である法廷で裁かれる、というのは、果たして公正でありうるのか、疑問に思う。

さらに、裁判長の桜井龍子氏についても大いに疑義があった。桜井氏は労働省の局長を務めた叩き上げの行政官であり、いわば最高裁にあって官僚の象徴ともいうべき判事である。真実の追求・解明よりも、ＳＯＰ（前例主義）を基本行動原理として動く元霞ヶ関官僚を裁判長とした法廷に、かくも複雑かつ重要な問題をはらむ事件を付す、というのも大きな恣意《しい》性を感じざるをえないのである。

事件当事者の検事が属し、前例主義の官僚をリーダーとした法廷は、あえて検察捜査のあり方に大きな疑義が提示されている時期にありながら、旧態依然の司法の流れのまま「判断しない」結論を出すには最適な場所だったのではなかったか。

最高裁の判決は、「棄却」という前回の裁判を引き継いだ結論である。最高裁は何もしなかったに均しい。ただ、高裁のときと異なるのは、行政＝検察のチェック機関としての「司法」も、下級審のチェック機関としての「三審制」も機能していないことを露呈させたことである。私は深く絶望した。

震災後、私はいろいろな発言の場で、震災で顕在化した「人材の劣化」「統治機構の劣化」について言及してきたが、最後の拠り所となるべき司法についても同様の思いを抱かざるをえないのである。

昨今も、一切犯罪にかかわりのない潔白の人間がなぜか詳細な自白をする、という事件が起こっている。これは、警察・検察による捜査取り調べを追認する機関と化した、司法の劣化に根本の原因がある。

原子力政策をはじめとして、惰性で突き進む巨大なブルドーザーのような霞ヶ関。同じように、真実の在り処《か》などものともせず、無辜《むこ》の人間の人格を破壊しながら、フィクションである自白、起訴、有罪へと理性なく突き進む検察。いま日本を揺るがしている原子力政策と検察・司法という、二つの劣化を当事者として、文字どおり身をもって経験した私が、止まらず闘い続けること、声を上げ続けることが、日本の劣化を食い止める楔《くさび》となると信じたい。

第3章

福島原発事故と奥只見水害がほぼ同時に起きた意味

ここまでこの国の原発政策と原子力ムラとの闘いと、それによって私が知事辞任を余儀なくされた経緯をつぶさに述べてきた。その結果、わが国の原発政策と原子力ムラの動きはどうなったか。それを語る前に、もう一つの重大な人災について述べておかねばならない。それは「水力発電と水害」についてである。

原発は「悪」だが、水力発電は自然に優しいので「善」なのではないか。なぜ、水力発電が問題なのかと意外に思われるかもしれない。また、水力発電は観光資源にもなり、景観に優しいのではないかと思われる国民もいるかもしれない。私に言わせればこれはとんでもない誤解である。では、ここから一章を割いて水力発電ダムの重大な欠陥と弊害について詳述するので、どうかしばらくお付き合いをいただきたい。

明治以降、福島県は東京に向けて電気を供給し続けてきた。日本の近代化に福島の水力発電所の果たした役割は大きく、福島県民は、そのことをひそかな誇りとしてきた。しかし、首都圏の人々がそのことを正しく理解しているかというと、これははなはだ疑わしい。原発事故が起きるまで、東京の電気が福島県や新潟県から送られていることさえ知らなかったという人も多い。

福島県に原子力発電所が建設される以前は、当然のごとくその役割を果たしていたのは水力発電所や火力発電所である。水力発電所の建設についても、地元福島は多大な負担を強いられてきた歴史がある。水力発電所の建設に伴う地元の悲喜劇について知る人は、中央にはほとんどいないであろう。

山内明美さんという歴史社会学者の『こども東北学』（イースト・プレス）という本がある。副題には「〈東北〉って、いったいなんだ!?」とある。山内さんは宮城県出身だ。彼女もまた、震災以降、「東北の位置づけ」について深く考えるようになった。東北が日本の後進地域として中央から不当な扱いを受け続けてきたことを、またそれを一種の引け目と共に受け入れてきたわが身を「どうしてだろう？」と問い続けているのだ。

「東北学」の赤坂憲雄教授は「東北はまだ、中央の植民地だったのか」という問いかけを発していることは前にも述べた。それは私たち東北人にとってはショックなことである。彼はなぜこんな問いかけをするのか。そして福島県民は、いまどんな思いでその指摘を聞くのだろうか。

震災後に改めて知ることになった苛酷な東北の歴史を、明治以降の国のエネルギー政策の視点から掘り起こしてみる。

豪雨災害は「ダム災害」ではないのか

福島第一原発の大事故が起きてわずか四カ月後の二〇一一年七月末、福島県只見川の流域で甚大な豪雨水害が発生した。とくに金山町と只見町の被害が大きく、両町合わせて住宅の全半壊二二七棟、農地の被害は一七〇ヘクタール以上にのぼった。交通インフラも大きく損なわれた。只見線の鉄橋が流され全線運転不能になり、また新潟県とつながる国道二五二号線が県境付近で不通となったのである。

水害の直接の原因は記録的な集中豪雨である。しかし、地元住民は只見川流域につくられたダム群が被害を大きくしたと主張し、ダムを保有する東北電力と電源開発が説明する「未曾有の雨量が原因」を、「そうではない。もっと基本的な問題が横たわっている」として納得しなかった。

地元住民の記憶では、只見川に発電ダムがなかった戦前は、家屋が水に浸かるほどの水害はほとんどなかったという。一九五〇年代に雨後の竹の子のようにダムができてから、大水害がしばしば起きるようになったというのだ。そしてその原因は、発電ダムからの大規模な放流だと地元住民は指摘した。水害の真の犯人は「ダム群」だと。

事故後現地を視察した新潟大学の大熊孝名誉教授（河川工学）は、ダムの放流は規定どおりに実施されたとしながらも、ダム群の存在が被害を拡大させたとの見方を示した。鉄橋の流失原因を、「ダムでせき止められた水が高い位置からすごい勢いで放流されたためだろう」と大熊教授は語った（新潟日報より）。

となれば、地元住民にとって事態は深刻である。豪雨によりダムの放流が繰り返されるたびに、命のちぢむ思いをさせられることになるからだ。私は最初に只見町の中でもとくに被害が大きかった柳沢地区を、そのあとで金山町の本名地区を視察した。柳沢地区の視察では、新潟日報からコメントを求められて次のように話した。

「東京のために造った巨大な電源施設がどうしようもない問題を起こしたという点で原発問題と共通する。国家に協力してきた結果の犠牲なのか」

記事では私がため息をついたと書かれているが、内心は怒りが煮えたぎっていた。というのも、只見川のダム開発も、原発と同様、国策として進められた経緯があるからだ。戦後復興の掛け声とともに、首都東京へ安定的に電気を供給するという大義に、福島県と地元住民が協力したのだ。しかし、これほど大規模なダム群になるとは当初は知らされていなかった。只見川流域に一〇カ所ものダムが造られた結果、流域沿いの自然の姿形はまるで変わってしまったのである。水害が甚大になる原因は、まさにそこにあるのではないかというのが住民の率直な思いと現実なのである。

福島県は三月の大震災と津波で浜通りが痛めつけられ、そのわずか四カ月後に今度は内陸部の会津が豪雨災害で痛めつけられる。電源開発という国策に協力した住民には何の瑕《か》疵《し》もない。二つの大災害はいずれも天災がきっかけではあるが、実態は明らかに人災なの

只見ダム災害の記録写真

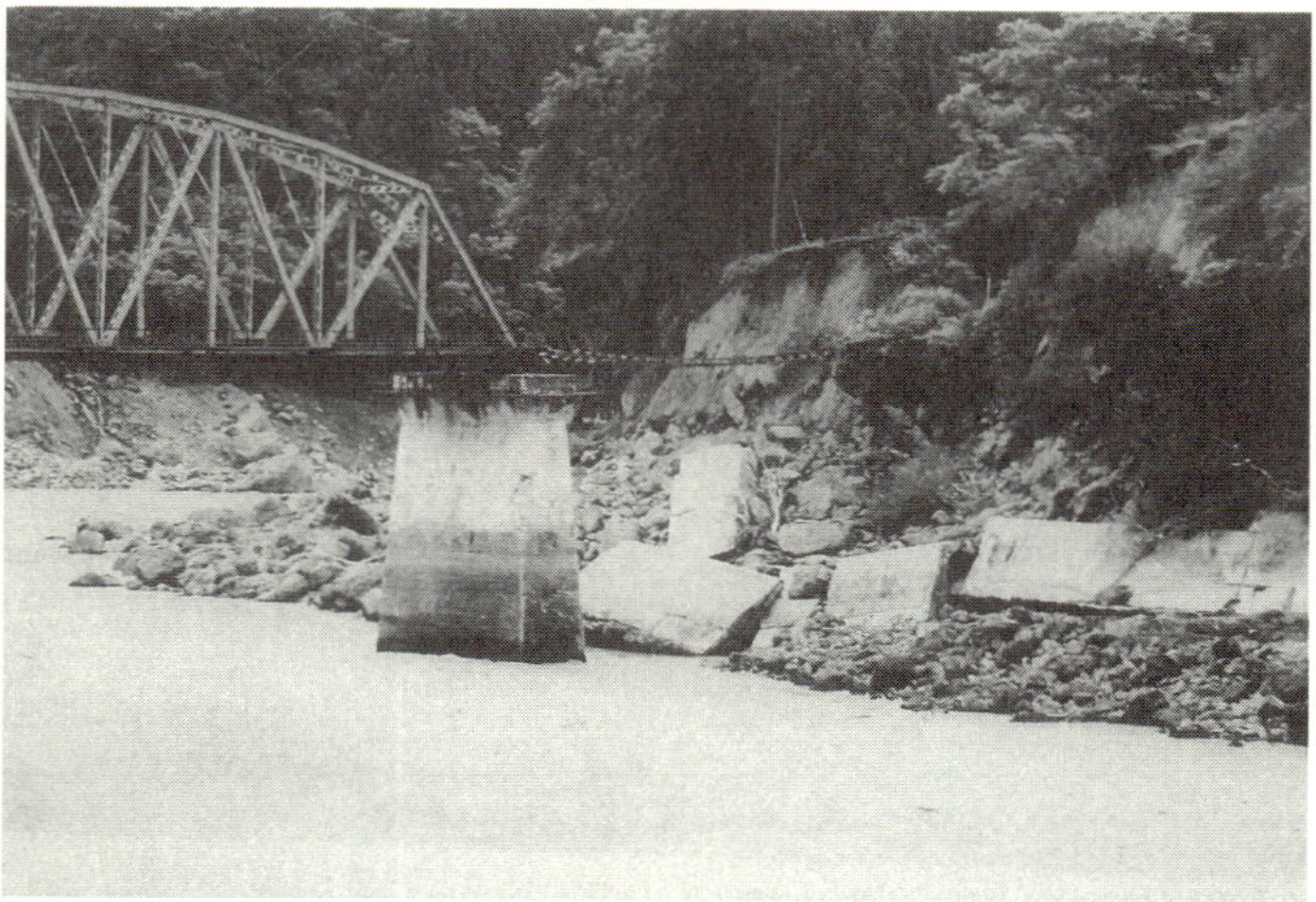

写真提供：星 賢孝

である。このやりどころのない怒りをどこにぶつけたらいいのか。

ともすれば福島原発事故の悲惨さに隠れて、あまり注目されない豪雨水害。しかし、国策による自然破壊と災害規模の拡大という点で根は同じであり、これはもう一度戦後のダム政策を検証し直さないといけないのではないか。それが私の新たな問題意識となった。

淵源は戦後すぐの奥只見開発にあり

そこで、戦後の福島県における水力発電開発の歴史をザッとたどってみる。

日本の電力ビジネスは、「電力の鬼」と謳《うた》われた松永安左ヱ門と「電力王」と呼ばれた福澤桃介の働きによって明治後期から飛躍的な発展を遂げる。とくに、福澤諭吉の女婿であった桃介は水力発電に注目した。その理由を桃介は自著『福澤桃介翁自伝』の中でこう語っている。

「細長い本土の中央を脊髄の如く東北より西南に山岳の縦走して居る結果、山は急峻であると共に、其間を縫うて流れる河は、南流して太平洋に注ぐか、北流日本海に入るか、何れも急流奔放で至る処渓谷美に富み落差極めて多い」

「かくのごとく日本は天然に恵まれた水力圏で（中略）、然も是が永遠に尽きることなき天輿の富源である（以下略）」

桃介は、水力発電が石油や石炭を動力源とせず、天然の水資源を動力源とするところに着目した。今でいう「再生可能エネルギー」的な発想法である。桃介は中部日本の木曽川水系の電力開発に着手、日本初のダム式発電である「大井発電所」を稼働させ、その後も次々と水力発電所を建設していった。ダム式水力発電の生みの親である桃介はやがて「電力王」と敬称されるようになる。大正時代、水力発電は主流の電源となった。

太平洋戦争で日本の電力インフラは壊滅的な打撃を受けた。戦時の度重なる本土空襲で全国の火力発電所が狙い撃ちされ破壊されていた。発電能力の四四パーセントが失なわれ、戦後復興に必要な電源地の開発が急がれていた。

一九五一年九月、アメリカ人のダム開発技師三人からなる米国海外技術調査団が、政府の要請を受けて只見町に入った。大水源地として注目されていた只見川の調査が目的である。新潟日報によると、当時町の教育長だった飯塚恒夫氏は「高校生だった自分も含め、小学生からお年寄りまで沿道に並び、日の丸と星条旗を振って迎えた」というほど、地元の期待は盛り上がった。

これを福島県と県境を接する新潟県側が指をくわえて見過ごすわけはなく、福島県の本流案（只見川本流沿いに階段状にダムを造る）に対して分流案（信濃川への分流を要求）をぶつけて激しく対抗した。本流案と分流案の対決に審判を下したのは、時の総理大臣吉田茂である。吉田は本流案を採用し、福島県側に凱歌が上がった。吉田の最側近の白洲次郎が東北電力の初代会長となったのもうなずける話である。吉田裁定がおりて三年後の一九五五年に田子倉ダムが着工、五九年に完成する。一九六二年には奥只見ダムの建設が完了した。

この間、只見町は大きく変貌した。人口が三〇〇〇人も増えて一万三〇〇〇人となり、立派な映画館ができ、多くの飲食店がつぎつぎ開店し町は賑わった。町民の期待どおり、町は大いに活性化したのである。私の支援者の一人は当時を振り返ってこう言う。「大人は毎晩宴会ですよ、飯坂温泉で。只見川はただ呑み川、接待漬けですね。子供心にダムができるとこんなに金持ちができるのかと、不思議に思った」。

「只見川音頭　みさこい節」が流行ったのもこのころである。「みさこい」とは「見さ、来い」の意味。只見町の賑わいを見においで、という意味だろう。

只見川音頭　みさこい節

1、(男女)奥の只見にちょいと春風が
　吹けば会津は花ざかり
　あの娘もうかれてのど自慢

「ソレ　みさこい只見はよいところ
みさこい　みさこい　会津さこい」

2、(女)　あなた只見のちょいとダム育ち
電気起こすがつとめなら
灯して頂戴　恋の灯も

（国分伝三作詞・古関裕而作曲・南郷達也編曲）

なんともユーモラスな歌詞だ。過疎の町だった只見町の賑わいと住民の浮かれぶりが伝わってくる。ダム建設は、会津の峡谷の町にとって、まさに干天の慈雨となったのである。

只見川ダム群の姿

福島県が新潟県との闘いに勝利して水力発電の権利を手中にしてから約六〇年が経った。只見町はいまどうなっているのか。只見町は本当に勝利したのだろうか？　ダム建設は持続可能な町おこしにつながったのだろうか？

町の現在の人口は最盛期（ダム着工時）の半分以下、五〇〇〇人を下回る四六四五人（二

〇一四年二月現在)。商店街は寂れる一方で、過疎化に歯止めがかからない。ただ一つあった町の診療所は医師三人体制が一人体制になり、無医者になった時期もあるくらいだ。往時の賑わいがまるで嘘のようである。只見川の下流にある金山町も、ほぼ同じような状況にある。

ダム建設が終わると、人は潮のように引いていった。地元住民の一人はこう話す。「ダム建設が終わった後、只見には産業がなかった。原発はまだ周辺に関連企業があるが、水力には雇用がほとんどない」。水力ダム建設は、いっときの賑わいはもたらすものの長期的な地域振興にはつながらない。只見町や金山町の現在の姿がそれを示している。

今や、「只見川音頭　みさこい節」を陽気に口ずさむ者は一人もいない。過疎地に逆戻りしたのが只見町の現状なのである。いや、正確にいえば、只見町はダム建設前にはなかった大きな問題を抱えることになった。それが、冒頭に述べた二〇一一年七月の大水害の問題である。

大水害に見舞われた半年後、ダムを持つ電源開発や東北電力に再発防止を訴える集会が只見町の集会所で行われた。「(大水害は)ダム放流との関連を考えないわけにはいかない。ダムの完成以来、被害は四回目だ。こんなことがまたあったら只見を離れようという声もある。二度と起こさないことが課題だ」。金山町でも同じような集会が持たれ、「これは洪水調整機能を持たない発電ダムによって水害が拡大したダム災害だ」との見方が支配的だった。

自分の耕す畑や田んぼが豪雨のたびに浸水し使い物にならなくなるのであれば、農家は安心して農作業に従事できない。都会からのUターンやIターン組を迎え入れることもままならない。誰もこんな危険な土地で仕事をやり、子育てをしようとは思わないだろう。

六〇年前、アメリカの調査団を国旗を振って迎えたとき、県や只見町は「五万人都市構想」を掲げてダム建設への協力を謳いあげた。それがいま、この有様である。水力発電用のダムは今や、地域住民の暮らしと安心を脅かす凶器へと変わった。住民のダムへのまなざしは一八〇度変わったのである。

しかし、水力発電用のダムの持つこうした危険性や欠陥を指摘した者は皆無だったのだろうか、という疑問がある。調べてみると、それがいたのである。ダムの持つ致命的な欠陥を指摘した著名な学者がわが国にいたことを私は知った。

中谷宇吉郎博士の論文「ダムの埋没」

只見町にアメリカの調査団が入ったまさにその年、一九五一年九月、文藝春秋九月号に、社会に衝撃を与える重要な論文が載った。タイトルは「ダムの埋没——これは日本の埋没にも成り得る」。著者は雪の研究者として知られる中谷宇吉郎物理学博士（一九〇〇～一九六二年）である。

当時は戦後復興の真っ只中である。「国土総合開発」の名のもとに、あらゆる人がダムの開発による電力エネルギー確保を金科玉条のごとく唱えていた時期である。そんな時期に「ダムは日本の埋没にも成り得る」という論を張ったのだから、その与えた影響は大きかった。以下、論文に沿って中谷博士の主張を見ていこう。

中谷博士はまず、日本の水資源についてその有用性を讃える（以下引用文は、旧漢字、旧かなはできるだけ現在の表記に改めた）。

「大きいダムを作って、洪水を完全に防ぎ、莫大な電力を開発し、十分な灌漑水を得て美田を作り、工業用水と豊富な電力とによって大工業を起こすという話は、如何にも魅惑的な話である。そしてそれは可能なことなのであるから、全国民が総合開発の夢を描くのも亦当然である。

日本くらい水資源に恵まれた国は、世界的にみても、そうたくさん例がないとよくいわれる。まことにそうであって（中略）、その一番の理由をなすものは、夏の台風と冬の豪雪とである。即ち従来我が国に於て、最大の気象的災害と思われていたものが、日本の一番大切な資源であったのである」

写真提供：毎日新聞社

中谷宇吉郎
（なかやうきちろう）
1900年〜1962年。物理学者・随筆家。石川県現加賀市生まれ。学位は理学博士（京都帝国大学・1931年）。1925年、東京帝国大学理学部物理学科卒業。イギリスに留学し、キングス・カレッジ・ロンドンに学ぶ。北海道帝国大学理学部教授、北海道大学理学部教授などを歴任。雪の研究で有名、著書に『冬の華』（岩波書店1938年）などがある。

ここまでは、「電力王」といわれた福澤桃介翁の視点とピタリと重なる。続けてこう言う。

「日本では、大部分の土地が、冬は豪雪に恵まれ、夏は台風による豪雨に見舞われる。もし十分な高さのダムを造り、これ等の水を全部貯蔵して、年間一様の割合でそれを利用することが出来れば、動力と水とに関する限り、日本は世界有数の恵まれた国になるであろう。発掘される全石炭は一塊も燃やす必要がなく、全部化学工業の原料となる（中略）。

まことに夢のような話であるが、我が国の水資源の豊富さは、まさにそのとおりであって、この点はまことに心強い次第である」

と水資源とダムの機能を認めながら、一転、鋭い問題提起に入っていく。

「ただ日本に於て、そういう大きいダムを建設した場合、その寿命が果して何年あるかという点に、重大な疑問が残されているのである。今日ダムの建設による国土の総合開発を、大声に強調される方々が、その埋没の問題について、何等言及されないのは、まことに不思議である。承知の上で隠して居られるとは考えられないから、これは多分科学知識の欠如によるものであろう」

ダムには寿命があるとダムの埋没に警鐘を鳴らしたのである。ここで「ダムの埋没」とは、ダムによってできた人造貯水池が土砂で埋まることを指す。ダムが消えてなくなるわけではない。中谷博士は当時のダムの埋没状況を実例を挙げて説明する。

恐るべきダム埋没の実態

中谷博士は当時の日本の水力発電所一二カ所を例に挙げ、そのダムの埋没状況を明らかにする。

「北海道の空知川に造られた野花南のダムでは、建設以来二八年後の今日、全貯水量の九八パーセントが埋めつくされている。即ち全部埋まってしまったといって差しつかえない。天竜川の泰阜のダムや、木曽川の大井のダムも、埋没では有名なダムである。前者は建造以来、わづか十四年にして、八五パーセント埋まってしまった。後者は、日本では少数の高いダムの一つであって、高さ五三メートルのダムを建造し、三千万立方米（メートル）に近い貯水量をもつ大貯水池を造ったのである。ところが建造後二四年の間に、その七二パーセントが埋まったのである」

ほかのダムもみな同じような埋没状況にあることを示したうえで、中谷博士はさらに重大な指摘をしている。

「ダムの埋没は、建造後の数年が一番著しいので、大半埋まってしまってから後は、そう進行しない。当たり前のことである。だから例えば空知川の野花南ダムは、建造後二八年の今日、九九パーセント埋まっているが、これは二八年かかってこれだけ埋まったのではない。（中略）初めの十年くらいのうちに大半埋まってしまい、あとは徐々に埋まって九八パーセントにまで達したのである。即ちダムの寿命というものは、我が国では驚くべく短いものである」

わずか一〇年でダムの大半が埋まるというのだ。土砂堆積によるダムの埋没はこれほどすさまじいものかと、改めて驚かされた。中谷博士はこの埋没問題に対して科学的なアプローチがほとんどなされていないことを指摘し、「水資源が豊富だからといって、ダムを造るのはよいが、一方ダムの埋没の方を忘れたならば、それは愚者の行為である」と断じている。

しからば、水力発電にはダム方式しかないのかというと、「水路式」という方法もある。しかしこの方式は、燃料の石炭を莫大に消費するので、はなはだ不経済だという。「どうしてもダム式を採用しなければならない。これは同時に水害の防除にもなり、灌漑用水の源にもなる。但し、ダム式にすると、埋没の危機が甚だ多い。（中略）それで結局、問題は二つに帰せられる。合理的なダムの建設並にその使用の合理化、それと貯水池の埋没を防ぐこととの二つの問題である。湖底に沈む村の悲劇は免れないが、それは国家の力で十分な保障をすべきである」。

このような結論から、中谷博士は多くの学者たちと協同でダム堆砂にかかわる調査をはじめる。その対象に選んだのが、わが只見川ダムだったのである。

ダム堆砂の原因となる、只見川の総降水量（降雨量＋降雪量）と洪水中の岩塊の移動状況、その速度の測定が行われた。それによると、年間総降水量は、五〇億立方メートルになるという。これは東京ドーム四〇三二個分に相当する。

さらに中谷博士は、

「土砂が一度川へ入ったらその移動を止めることは到底出来ない。川へ入れないようにするより外には根本的な埋没防御の策はない。この研究には、まず全流域にわたって土質調査をして、その地図を作る必要がある」

と、流域の土質調査の必要性を説く。

「結局、この土質図を基にして、土砂崩壊の防止をやり、一方砂防ダムを最も有効な形式に造るといふ平凡なところに落付くかもしれないが、或は調べてみれば何か巧い方法が出て来るかも分らない。埋没防止のためには階段式にダムを造ればいいことは分っているが、それをやるにしても堆積量の予報及び堆積物の出所の究明が必要である。科学的な調査と研究をいくらやってもダムの埋没を完全に防止することは出来ないであろう。医学がいくら進歩しても不老不死の法は見付からないと同じことである」

との結論に達する。ダム堆砂の完全な解決策はないということである。中谷博士は、年々のダム堆砂を減少させてダムの寿命を延ばすことは、経済上大切なことであるとの結語で論文を締めくくった。なお、中谷博士の本論文は、その二六年後、開発問題研究所編・発行の『これは日本国土の沈没だ　ダムが埋没する』(一九七七年)に再掲載されている。

原発は「悪」、水力は「善」の誤ったレトリック

中谷博士が六十数年前に指摘したダム埋没のリスクはいまもって未解決のままである。日本の水力発電ダムは、現在も莫大なコストをかけて浚渫《しゅんせつ》工事をやっている。あまつさえ、豪雨洪水の際のダム放流により、今回の只見川災害のような流域の洪水災害もますます甚

大になっている。

二〇一四年三月一七日、環境省は注目すべき報告書を発表した。地球温暖化による今世紀末の日本への影響と被害を減らす対策の効果をまとめたものである。驚くのは洪水被害は現状の約三倍に達するという予測である。その年間被害額は、現状より最大で四八〇九億円増えるという試算も出されている。

そうなると、水力発電ダムによる被災の規模は原発事故とは比べ物にならないとはいえ、単純に原発が「悪」で水力は「善」とはいえなくなる。洪水水害が地域経済や地元住民の暮らしに与える影響は深刻である。家屋を失い、田畑を失い、生活と未来を失う。水力発電も、半面は「悪」そのものといってもよいのではないか。

只見町や金山町をはじめとする流域町村の生活基盤を奪った二〇一一年夏の豪雨水害。ダムの放流が被害を大きくしたとする地元住民に対して、電源開発や東北電力はその可能性を否定し、ダムの放流は適切に行われたとして責任をとろうとしない。国交省も放流状況を検証したうえで、問題はないとしている。しかし彼らは本当にそう思っているのだろうか。電源開発と東北電力は両社合わせて約一億円の義捐金や見舞金を、今回被災自治体に贈っている。両社にまったく責任がないのであれば、そんな巨額の寄付金を出すものだろうか？

地元住民はいま、規定どおりに放流したのだから問題はないとする国や電力会社に反発を強め、発電ダムにも治水機能を持たせることを求める運動に立ち上がった。

新潟日報の表現を借りれば、本県と新潟県は「双頭の電源地」ということになる。首都圏・東京への電力供給のために水力発電と原子力発電という〝双つ〟の電源装置を有する県という意味である。

二〇一一年、わが福島県では、その双頭の電源地がほぼ同時期に重大な災害を引き起こした。断っておくが、この双頭の電源地で発電された電気は、地元では一ワットたりとも使っていない。「受益」と「負担」がワンセットならば、これほど不公平なことはないと地元が考えるのは人情であり、それ以上に理にかなったものである。

戦後復興のために、そして産業復興のために、地方から中央へ電力を供給する構図は、戦前の大規模水力電源開発から始まるが、戦後の中曽根康弘元総理と正力松太郎による原発推進により、そのいびつな構造は一層強化・固定化されたといえよう。福島県で起きた二〇一一年の二つの悲劇の根は、日本の電力開発の歴史そのものの中に深く埋め込まれたものなのだ。

本県と新潟県は今や、〝双つ〟の「悪の電源地」を抱えたままに、国策の犠牲になっているといっても過言ではない。

第4章

日本は「原子力帝国」だった

話を原発事故と原発政策のその後の推移に戻そう。

私が知事辞任を余儀なくされた後の国の原発政策はどうなったのか。結論を先にいえば、原子力ムラが完全に巻き返している。反原発・脱原発の運動は変わらず継続しているが、安倍政権のもとで、まるで福島原発事故などなかったかのように再稼働が既定路線化している。

その第一陣として鹿児島県の川内原発はまさに再稼働寸前にある。九州電力は原子力規制委員会の基準に適合したと言っているが、その委員長自身が「われわれは新基準に適合していると認めただけで、安全であるとは言わない」と明言し、日本火山学会が「原子力規制委員会の判断は楽観的すぎる。監視しても噴火を予測することは不可能」と批判している。互いにリスクを押し付け合っている、そんな状況なのだ。

再稼働に反対する地元の男性が、「ここまで強引に再稼働を進める国の姿が異様に見える」と新聞紙上で言っていたのが強く印象に残る。けれど、原子力ムラの意思は固い。何があっても再稼働させるつもりなのだ。彼らは、故郷を追われた一二万人の福島住民のことなど、まるで意に介さない。

一方、鹿児島から遠く離れた本州最北の地でも、原子力ムラの動きは急である。

二〇一四年四月、北海道函館市は、電源開発が青森県で建設中の大間原発の建設中止と原子炉設置許可の無効確認を求めて東京地裁に提訴した。函館市と大間原発は津軽海峡を挟んで三〇キロ圏内にある。原発の三〇キロ圏内にある自治体は避難計画の策定が義務付けられているのに、原発建設の同意対象は立地自治体に限られている。さらに大間原発はMOX燃料を全炉心で使用できる世界最初の原発となるため、万が一事故が起きたときの被害の規模は、福島第一原発事故をはるかに上回る恐れがあると函館市は主張している。

提訴後の記者会見で工藤壽樹函館市長は「危険だけ負って発言権もなく、理不尽だ」と、怒りで声を震わせたと東京新聞は報じた。「福島原発事故の影響で特に海外からの観光客が激減し、風評被害で魚も売れなくなった。大間原発で事故が起きたら、被害は観光や水産だけではない。『避難計画は作れ。危険な地域ですよ』と言っておいて、何の理由で周辺自治体には同意権を与えないのか」と国を痛烈に批判した。

まことに市長の言うとおりである。周辺自治体の住民は蚊帳《かや》の外に置かれ、放射能汚染や住民離散などのリスクだけが押し付けられている。こんな理不尽なことはない。国や経産省、そして電力会社の体質は、福島第一原発事故を経てもなんら変わっていないのである。エネルギーの安定的かつ安価な供給を錦の御旗に、強引にも原発新設まで強行しようとしている。

本当にこれでいいのか。脱原発を宣言したドイツを引き合いに出すまでもなく、世界に先駆けて原発のない社会をつくっていくことこそ日本の責務ではないのか。将来の核武装の可能性を捨てがたいと言われている現政権と、利権死守に必死の原子力ムラとの結託を許してはならないと思う。

満腔の怒りを込めながら三・一一以降の歩みを振り返り、改めて脱原発の重要さを訴えたい。脱原発以外にフクシマの未来はなく、日本の未来もないのである。

「プルサーマル不承認」をひっくり返した福島県

東京地検特捜部に逮捕された私が東京拘置所に拘置されていたさなかの二〇〇六年一一月一二日、後任の知事を決める福島県知事選挙が行われ、民主党が擁立した、渡部恒三衆議院議員の元秘書で参議院議員の佐藤雄平氏が当選した。福島県の原発行政は、同氏に委ねられることになった。

知事辞任後、私が闘ってきた原発の諸問題は、放置されたままになっていた。

福島第一原発一号機では、私が知事を辞任して二カ月も経たない二〇〇六年一二月、復水器の温度上昇を隠ぺいするデータ改ざんが発覚した。原発運用のいい加減さは相変わらずだった。

しかし、〝原発漬け〟の地域経済になっていた立地地区の町長たちが、しびれを切らしたようにプルサーマル受け入れに向けて動きだした。

二〇〇九年二月、原発立地地域の双葉郡の町長たちが、プルサーマル実施の要請を佐藤雄平知事に行う。

同年七月、県議会も「原子力政策全般の議論再開の要請」を決議し、プルサーマルの受け入れを求めた。このとき、休止されていた「福島県エネルギー政策検討会」が四年ぶりに再開された。しかしその検討会は大きく変質していた。県職員が県民の立場に立って自ら問題意識を持ち、考えようという意識は影を潜め、政府の原発政策を追認する会合に変わっていたのである。

このとき、東京電力はいま考えると大変重大な申し入れを福島県に対して行った。福島第一原発三号機の定期点検にあわせてＭＯＸ燃料を装架し、プルサーマルを開始したいというのである。

これに対して佐藤雄平知事は、「プルサーマル受け入れ三条件」を東電に要求した。

①耐震安全性
②高経年化対策
③搬入から一〇年近く燃料プールに貯蔵したままのＭＯＸ燃料の健全性技術的検証を行うこと。

以上の三条件であるが、二〇一〇年八月、「県が求めた条件が満たされた」として、佐藤知事はプルサーマルへの同意を与えた。

知事の同意を受けて、県議会が同意の決議をすれば最終決定となる。ところが、そうするには大きなネックがあった。さかのぼる二〇〇二年一〇月、私の知事時代に県議会は「福島県はプルサーマルを行わない」ことを自ら採択している。それがそのまま生きているのである。もしプルサーマルを認めるとなると、自分たちで決めたことを、自ら破ることになる。

困った県議会は、この議会採択を「なかったこと」にしてしまった。実に軽率な判断であったと思う。議会という権威と、県民を守るとりでの役割を自分から放棄してしまったのである。

二〇一〇年八月二九日、福島県は正式にプルサーマル計画受け入れを決めた。ところが、その四日後の九月二日、日本原燃は六ヶ所村再処理工場の完成を二年間遅らせると発表したのだ。これは、第一原発三号機の使用済み核燃料が行き場を失ったことを意味する。福島県は、またもや国からハシゴを外されたのである。

その半年後の二〇一一年三月一一日、福島第一原発事故が起きるのである。

なぜ、三号機のMOX燃料について報道がないのか

不思議なのは、三・一一の原発事故の後で、プルサーマル問題が全然表に出てこないことだ。マスコミ報道を見ていてもいっさい出てこない。どこで、どのようにコントロールしているのか、MOX燃料について触れた報道がないのである。第一原発三号機は二〇一〇年一〇月に開始されたプルサーマルの発電機であり、MOX燃料を燃やしている。「危ない、危なくない」という議論とは別に、そのことは県民、国民にすぐに伝えるべきである。それがなされていないというのは、どういうことなのか。

前に書いたように、プルサーマル計画は私の知事時代から大きな問題であったが、結局県民はプルサーマルを受け入れた。県議会も佐藤雄平知事に任せ、国と東電の要請に従った。交付金などの見返りはあったにしても、福島県民は本当に素直である。そして、県知事も自分の知事選の前にプルサーマル受け入れ承認を表明している。福島県民は、国策に関しては本当に協力してきたのである。その県民がいま裏切られている。

二〇一一年九月二六日、会津若松市で翻訳家の池田香代子氏（『世界がもし100人の村だったら』の著者）と公開対談をした。そのとき、原子核物理学者の故伏見康治氏が九九歳で亡くなる寸前に「ウランというのはいじればいじるほど危険になっていく」と語った

という話を池田さんが披露した。私は、池田さんは実に骨のある人だと感服した。科学者はみんなわかっている。通常ウラン燃料より、ＭＯＸ燃料の危険度は高い。

佐藤雄平知事は、国の対策を間違いないと判断してプルサーマルを受け入れた。受け入れの数日前、河北新報と読売新聞が私のところに取材に来た。ＭＯＸ燃料は通常のウラン燃料より危険であるし、搬出先となる第二再処理工場（青森県六ヶ所村）のめどが立たない現況では、「六ヶ所村の再処理工場が決まってからでいいのではないか」と私は答えた。

ところが、前述したように、福島県はまたも裏切られる。県知事がＯＫを出し県議会もＯＫすると表明した四日後に、六ヶ所村再処理工場の経営母体である日本原燃は一八回目の延期（向こう二年間）を表明したのである。福島第一原発の使用済み核燃料が宙に浮いたことになる。

それは東電が決めたことではない。東電と日本原燃という二つの会社の上には経産省がいる。官僚が計画を練り、判断したことだと思わざるをえない。福島県がプルサーマルにＯＫを出した後に六ヶ所村の再処理工場の稼働延期を発表する。福島県民を欺《あざむ》いたと言われても仕方がないのではないか。

福島第一原発三号機のＭＯＸ燃料についてはこうした経緯があるから、なおさら、原発事故後にこのことが表に出ないことに作為を感じるのである。

事故から三年が経過した今でも、三号機の燃料がより危険度が高いＭＯＸ燃料が使われていたことを知る国民はそう多くはないと思う。

「最終処分場は青森と福島で相談して決めろ」

使用済み核燃料の最終処分場をめぐっても、国は悪質だった。

「最終処分場をつくっていくには五〇年という長い年月がかかるので、今からやっておかないと大変なことになる。もう、そろそろタイムリミットだからプルサーマルの受け入れを認めてもらわなければならない」。そんな国の言い分に合わせて、県民も、県も納得したのである。福島県がプルサーマルに同意したのは、自らの得失勘定だけでなく、そのこともあったのである。

再処理以降のバックエンド対策については、福島県でもだいぶ前から検討していた。私の知事時代にも一年近くやったと思う。原発はいわゆる「トイレなきマンション」で、放射性廃棄物を処分する「トイレ」がなかった。そのころ、経産省の課長は「（最終処分場の場所は）青森と福島の両方で相談してどちらかに決めろ」という実に無責任なことを言っていた。

一九九八年一一月、県の検討会に資源エネルギー庁長官がやってきて、「高レベル放射能の処分に関する法律と低レベルに関する法律の二つをつくる」と約束した。これは当時としては大前進であった。現実につくれるかどうかは別にして、そのころは法律さえもなかったのだから。

ところが、二〇〇九年一二月の県のエネルギー協議会に資源エネルギー庁の核燃料サイクル産業課長が出席し、「どこに(使用済み核燃料を)捨てるかは東電と、それを担当する機構の事業者同士が相談して決めることなので国は関与しない」と説明したのである。「電気事業者である東電が当事者であり、それを捨てるところは別の機構が主体なのだから、この二者で相談したらいい」と。

私が知事のときは青森と福島で相談して決めろと言っていたのだが、当時よりももっと巧妙になって事業者同士で相談しろと言うのだ。しかし、国が関与しないで捨て場所など決められない。捨てる場所は永久施設になるのだから。

実際、高知県東洋町などいくつかの地域が高レベル放射性廃棄物の処分場(最終処分場)の誘致に名乗りを上げたが、住民の反対で潰されている。原発稼働が国策なのに、最終処分場は民間で決めろというのはあまりに身勝手である。だが、これが経産省の本性である。

核燃料サイクルは最初から破綻している。嘘に嘘を重ねてプルサーマルを押し通し、再処理や安全対策に「不作為」を決め込んだ経産省の存在、それこそが、福島原発事故の「元凶」である。

日本は「原子力帝国」だった

震災から一カ月後の四月一一日、大きな余震があった。この日、私の家にドイツのシュピーゲル誌が取材に来ていたのだが、驚いた同行のカメラマンが家から飛び出し、そのまま戻ってこなかった。それほど大きな揺れだった。この余震で、いわき市では犠牲者も出ている。

だが、気丈にもコルドゥラ・マイヤーという女性記者は最後までインタビューをやり終え、ドイツへ帰国すると、五月二三日号に「原子力国家」という記事をまとめた。

その記事には、ドイツの原子力関係者の必読書としてロベルト・ユンクの『原子力帝国』（社会思想社・教養文庫・山口祐弘訳）が紹介されていた。「この著書はかつて、ドイツの反体制世代の必読書だった。たとえ原発事故が起こらないにしても、危険な技術がいかに民主主義を蝕むか、ユンクはここで書いている」（翻訳・梶川ゆう）とあった。

私は急いで古本屋で同書やユンクの関連の書も求めて読んでみた。すると、常日ごろ私が不思議だ、不思議だと思っていたことが氷が溶けるようにわかってきたのである。

「原子力国家」「原子力帝国」という補助線を引いて不思議な事象を眺め直してみると、

そういうことだったのかと、霧が晴れるように理解できた。
疑問の一つに、国の定める「環境基本計画」の中になぜ「原子力」が入っていないのかということがあった。それは要するに、原子力を規制する可能性のあるものはすべて認めないということだったのである。

マイヤー記者はこう書いた。

「ユンクの予測はドイツでは起こらずに済んだが、日本では予言であったことが実証されてしまった。賛成一致をよしとする日本社会において、原子力産業、電力業界、政党、学者は一体となって、民主主義を脅かす不可侵の聖域を作り上げてしまったのである」

あの短期間の日本取材で、よくぞここまで「原子力ムラ」の正体に肉薄したと私は感心した。

ロベルト・ユンクは同書の中で、国が「原子力国家」になるのは、原発を建設すれば必ず監視社会になるからだとも述べている。

私なりに推測すると、それはこういうことだろう。つまり、原発施設では一般の工場のように簡単にストライキはできない。炉内では、一時間以上停止すれば重大な災害を招く化学・物理反応が進行している。冷却装置の故障や他の要因で運転に支障が出れば、高レベルの放射線により環境が汚染される可能性がある。だから、原子力を利用するかぎり国家による規制・監視は必然で、国家は原子力帝国と化し、国民の自由は奪われる。

そうして自由、とくに原発政策を批判する者が「萎縮させられ」（ロベルト・ユンク）、抹殺されてしまう。学会でも原発に対する疑問を持ち、反対する学者は主流から退けられ、日陰に置かれてしまう。

知事であった私が国家により抹殺されたのも、そういうことだったのだろう。

思い起こすと、二〇一一年の参議院議員選挙の際、当時の経済産業省副大臣が原子力安全・保安院を経産省から分離すると公約したことがあった。私がずっと主張してきたことだ。だが選挙後、その副大臣からはなしのつぶて。当選したら、何の動きもしない。いや、できないのだ。

当然である。官僚は議員の言うことなど聞きはしない。官僚とメディアが一体となって反対者を排除する。学会にしても同じだ。そうやって、全員一致の談合組織、社会をつくってきたのである。

シュピーゲル誌のマイヤー記者の目は鋭い。日本が原子力国家になって、結果的に福島の事故を起こし、そこで表に出てきたどの委員会の顔ぶれを見ても、東電を含む原子力帝国の関係者で占められていると喝破《かっぱ》している。

二〇一四年の六月に、原子力規制委員会の人事が問題になった。規制委は、福島第一原発の事故の教訓をもとに環境省の外局として発足した。事実上、原発の再稼働の可否を決める機関だ。

二名の委員が交代したのだが、新委員に任命された田中知東京大学大学院教授は、原子力ムラの中心に位置する日本原子力学会の元会長だ。いわば、原子力ムラのトップだった人だ。原発メーカーから寄付を受け、業界団体の役員も務めた。推進派の頭目といってもいい人物である。高度の独立性と中立性が生命線であるはずの規制委にこうした人物が送り込まれた。再稼働を進める安倍政権としては当然のことなのだろう。福島事故のあとも、原子力ムラも自民党政権も、事故などなかったかのように何ら変わっていない。

話はそれるが、私が東大の学生だったころ、東大駒場のクラス担任が原田義人というドイツ文学者だった。原田先生は私の子供っぽい悩みを真剣に聴いてくれた人生の師でもあった。東大新聞に、「四冊の本」という題で一冊の本が青年に与える影響について心に滲《し》みる文章を書いてくれたことを、今でもよく覚えている。

今回ロベルト・ユンクの関連書を読んでいて、一九六一(昭和三六)年に原田先生がユンクの『灰墟の光・甦るヒロシマ』(文藝春秋新社)という本を訳出し日本に紹介していたことがわかった。原田先生はこの本を翻訳している途中に病没されたのだが、先生の弟子たちが後を継いで本書を完成させたとあとがきに記されていた。原田先生との不思議なご縁を五〇年の歳月を経て、改めて感じた次第だ。

フクシマと共に生きる「共生の思想」を

二〇一一年の秋、福島市大波地区で収穫された米から基準値を超えるセシウムが検出された。生産農家の方たちの精神的ダメージはいかばかりであったか。

震災と原発事故、目に見えない放射能汚染というこれまで経験したことのない大きな不安を抱えながら、それでも大丈夫だとなって、事故後初めて作付けし、今まで以上に手をかけて育ててこうなった。

「放射能って野郎は、いったいどこにいるんだ。連れてこい。オレが退治してやる」。飯舘村から避難してきたおばあさんがこう叫んだという記事を雑誌で読んだ。ちなみに、福島県など東北地方の高齢の女性は、自分のことをいまも「オレ」と言う人が多い。男も女も、均しく「オレ」なのである。東北には昔から隠れた女傑がいる。

飯舘村のある主婦は、避難する際、家に大事にとってあった自家製味噌樽を持ち出そうとした。先祖伝来の種味噌を絶やしたくなかったからだ。だが、それは被ばくしてもはや使えない。諦めたそうである。福島の味噌は本当に美味しいのだ。

それも、これも、農家の皆さんには何の責任もない。

東電と、なによりも原発政策を推進してきた国（経産省）にその責がある。同時に、「ありえないことが起きる」のは、「起こるべくして起きること」なのは前に記した経緯を見れば明らかである。

「法律とマニュアルにないことは対応しないほうがいい」と役所ではよくいわれる。私が知事に就任したときの県庁もそうだった。私は部長会などで、マニュアルにない事態が起きたときは、それぞれの責任で対応していいと言ってきた。

阪神淡路大震災が起きたときも、発生は早朝だったので自分で車を運転して県庁に駆けつけ、土木部の職員を呼び出した。「すぐ大阪に出発しなさい。その後、何とか手段を講じて現地の神戸に行くように」と指示を出し、三〇歳前後の若手一〇人ほどを神戸に行かせた。彼らは少なくとも後三〇年は県庁の職員として働く。その彼らに被災地の実態を見て、その経験を県の仕事に生かしてほしいと考えたからだ。今回の震災時には部長クラスでまだ在籍している方もいたので、力を発揮してくれたと思う。

私は知事になって、「五つの共生」を県政のスローガンに掲げた。「人と人」「人と自然」「世代間」「地域間」「価値観」の共生である。今回の原発事故は、これらをことごとく潰してしまった。つまり、暮らしと文化の基盤が根こそぎ毀損されたのである。

二〇〇二年に電力の供給地と消費地との理解を深めるという趣旨の、エネルギー庁主催の会合が開かれたことがあった。私は出席しなかったのだが、新潟県の平山前知事が「立地県の苦労をわかってほしい。東京の山手線を動かすのは、信濃川の水で動く発電所だ」と発言した。すると石原慎太郎元都知事が、「それなら、夜はクマしか通らない道路が誰の税金でできているか考えてもらいたい」と揶揄《やゆ》を込めて反論し、会場が沸いたと伝えられた。

それを聞いて、なんということを言うのかと私は憤りを覚えた。石原氏の姿勢は「共生の思想」ではない。強い立場の者が弱い者に「黙っていろ」と言っているのだ。石原元都知事は、岩手のガレキは引き受けても、福島のガレキについては言及を避けた。彼に福島への「共生」のまなざしはない。親が親なら、子も子だ。息子の石原伸晃前環境相は汚染土の中間貯蔵施設についての地元協議のさなかに、新聞記者に対して「結局最後は金目でしょう」との暴言を吐いた。金を増額すれば地元民も納得すると侮辱したのである。

福島原発で働いている者にとって、首都圏の電気を支えていることは誇りでもあった。しかしいま、原発が立地する双葉郡には三〇〇の鎮守の森があったのだが、それらに参る人の姿は絶えてなく、地域コミュニティは完全に壊れている。

壊された「五つの共生」をこれからまた、コツコツとつくり上げていくこと、それが復興のカギを握る。

福島の汚染土が送られてきた環境省

そして哀しいことに、福島市や郡山市では放射能で汚染された土をどこへ持っていくかで、押し付け合いが始まっているところもあるようだ。町内会どうしでもめている。人と人との共生が、「反目」に変わっているのだ。このようなときに、東京や首都圏の人々がこうした事態をどうしたらいいのかを、どうして一緒に考えてくれないのかと思う。「皆さん、福島原発の電力を受け取ってこられたんじゃないですか」と言いたい気持ちを抑えられない。

環境省へ放射能で汚染された土を送った福島の人がいた。処理に困った環境省の役人は、自宅に持ち帰って近くに捨てたらしいのだが、送りつけた人の気持ちをどうしてわかろうとしないのだろうか。送りつけたその意味を、もっと深く受け止めてほしいと思う。

右から左の要領で捨てて解決することではない。送られてきたことを公表し、福島県民の気持ちを広く伝え、放射能土をつくり出した責任を明確にしながらも、国民一人ひとりが背負っていく問題として提起する必要があったのではないだろうか。

事故から四年を迎えようとするいま、福島の除染状況はどうなっているのか。東京新聞「こちら特報部」(二〇一四年四月二日付)の記事から概要を引用する。

「自宅の除染は二年前に終わった。でも線量は高いまま。裏手の山から雨水に紛れて放射性物質が流れてくるのだろう。中学生と高校生の孫が近くにいて遊びに来るけど、あの子らの体が心配。何とかならんものか」

こう話すのは、福島県渡利地区で暮らす亘理尚寛さん（八〇歳）。記事はこう続く。

「福島県庁に近い渡利地区は福島第一原発から約六〇キロ離れながら、事故後は局地的に放射線量が高いホットスポットになった。亘理さんによれば、事故直後の線量は毎時三マイクロシーベルト。平常時の被ばく限度とされる毎時〇・二三マイクロシーベルト（年間一ミリシーベルト）の一三倍だ。地区内の住宅六一〇〇戸の除染は終わったが、山に近い亘理さん宅周辺はまだ毎時〇・八～〇・九マイクロシーベルトある」

亘理さんの近所の六〇代の男性は自宅の敷地と道路の境界に土のうを並べ、放射性物質を含む雨水が道路側から流れてくるのを防いでいるのだそうだ。それでも敷地内の線量は毎時〇・五マイクロシーベルト。この男性は「山の除染は全然進んでいない。ここら辺の除染もあらためてやってほしい」と語った。

近くの六〇代の主婦もこう話している。「線量が高止まりしていて、市外で暮らす子どもは『もうこの家には住みたくない』『親から引き継ぎたくない』と言っている。土地を売るとしても、今のままじゃ二束三文にしかならない。本当にため息しか出ません」

いまだに、こんな状況なのである。国の再除染のための予算はわずか七八億円（平成二六年度）しかないのだという。福島での除染は終わりが見えない、というのが実態なのである。

この記事の「デスクメモ」にこうあった。「今月、避難指示が解除された福島県都路地区はシイタケの原木生産で知られる。だが、原発事故で出荷はストップし、除染も進まず、放置されている。植栽や育成が途絶えかねない。人が戻らない状態には理由がある。しかし、政府には帰還させ、賠償を打ち切る発想しかない。これを棄民政策という」。

「棄民政策」。この言葉を聞くと、次章で触れる幕末から明治にかけての「会津への処分」のことが思い浮かぶ。それはまさしく、明治新政府による会津藩士たちへの苛酷な処分であった。福島県民は、いままた不条理な「処分」と相対しているのか。これについては、後でまた詳しく述べることにしよう。

放射能汚染土問題は、「中間貯蔵施設」をどこにつくるかをめぐって、政府による犠牲の押し付けがまた始まろうとしている（二〇一四年秋の時点で、佐藤雄平前知事が国の中間貯蔵施設建設を受け入れ、大熊町と双葉町に建設されることが決まった。政府は三〇年後には福島県外で最終処分するとしているが、最終処分場を確保するめどはまったく立っていない）。

原発誘致は地域振興にならない

いま政府も電力会社も、そして立地地域も原発再稼働に向けて一瀉千里《いっしゃせんり》に突き進んでいる。しかし、私は言いたい。「原発頼みの地域振興は成り立たない」ということが、なぜわからないのか。「ポスト原発は原発になりえない」のが、なぜわからないのかと。

福島県の例を見てみよう。原発のある双葉町が、稼働三〇年目に福島県五九市町村の中でもっとも財政事情が悪い町になった。町長の給料も払えなくなったのである。後は原発を増設するしか道がなかった。双葉町は増設できる場所があったからいいが、増設のできないほかの町はどうするのかが、福島県下の原発立地地区の状況だったのである。

双葉町も仮に増設していたとしても、そのあと三〇年経てばまた同じ状況になっているはずだ。ちなみに、原発関連の補助金、交付金は立地自治体が自由に使えないものが多いのである。

「ポスト原発が原発になりえない」のであれば、原発が廃炉になっても、その後一〇〇年ぐらいは引きずっていかなければならないわけで、廃炉を前提にした対応策を練ることこそ緊急の課題なのである。とくに三〇年経った双葉町は象徴的な事例である。

私は、原発建設で揺れる山口県の上関町での講演（二〇一〇年一一月）でそのことを中し上げたことがあった。

「原子力発電所をつくると三〇年間は、双葉町を見てもわかるように、建設業の人が入ってきたり、町民が建設業にシフトしたりして、人口も増え、町は栄える。しかし、私が福島県の知事の経験をしてわかったことがあります。いま山口県には生物多様性があり、瀬戸内海には素晴らしいものがいっぱいあるし、鯨もいる。でも三〇年経ったら環境が激変して農業はダメになり、海の幸も含めて残念ながら子孫にはそれらは残せなくなる。原発がなくなれば、中国電力はすぐ引き揚げるでしょう」

電力会社がいなくなれば、町は一挙にさびれる。

「そういうことを考えながら私は、楢葉・広野両町にサッカーJリーグの施設『Jヴィレッジ』をつくらせるべく協力しました。Jヴィレッジは、その施設だけではなくその周りにかなりの賑わいをもたらしました。高速道路がなかったので、いわき市に近い場所に建設しました。入場者は年間一万人ですから、周りの温泉旅館や民宿などにはかなりの経済効果があったはずです。少なくとも、電力会社にはそれぐらいのことはやってもらわないといけない。それは残りますからね。ただ、基本的に原発地域というのは、残念ながら漁業もなかなか厳しくなります。結論としては、一歩間違えば、原発にはそういう危険性があるのです」

私は「世代間の共生」を「五つの共生」の一つに掲げたが、原発を持ってくると世代間の共生は不可能になる。立地後の三〇年間は幸せでも、その後も原発は冷やし続けなければならない。子孫に「使用済み核燃料」という負の遺産を残すことになるかもしれず、世代間の共生どころではない。

原発一基当たりの建設費用を仮に一兆円として、その一パーセントの一〇〇億円が地元におりるとすれば、それを期待してしまうのは無理もないことかもしれない。しかし、使用済み核燃料は、少なくとも五〇年から一〇〇年にわたって貯蔵される。がっちりガードされて冷却されるので問題ないと思っていたが、今度の事故を見ると、テロや戦争で原子炉が爆撃されたり、あるいはもっと大きな災害が起きたとき、さらに大きな事故につながると思わざるをえない。

「私が知事を続けていても、どうなっていたかはわかりません。しかし、いまお話ししたぐらいの厳しさで、できるだけ安全を守っていくことは必要だと思います」

こう講演を締めくくったとき、会場からは大きな拍手が起きた。

中国電力は、地元の反対を無視して上関原発の建設を進めようとしている。

原発事故と「特定秘密保護法」

二〇一三年一二月六日は、戦後の民主主義が死んだ日として記憶されるかもしれない。特定秘密保護法が国会を通った日である。

今回の秘密保護法制定の報道で、私は知事になる前の参議院議員時代に反対した「スパイ防止法案」を思い出した。当時の社会情勢も、一九七九（昭和五四）年の第二次オイルショック後の不況を受け、一種の閉塞状況にあった。大新聞も政治の強いリーダーを求める論説を展開し、一歩間違えると全体主義につながりかねない恐れもあった。

このとき、自民党の結党三〇年の綱領に憲法改正条項を入れるかどうか、いまは亡き浜田幸一代議士などと、いまにもクリスタルガラスの灰皿が飛んできそうな一触即発の議論をしたことを覚えている。

「息苦しい社会」は国民にとって不幸である。今回の「特定秘密保護法」の成立は、日本がそうした「息苦しい社会」に向かうことではないのか。私は暗澹とした思いになる。

前にも書いたが、とくに原発については常に「隠ぺいと監視」が付きまとう。ロベルト・ユンクは、著書『原子力帝国』で、「原発がある限り国は規制を強め続け、一般市民は自由を奪われてゆく」と警鐘を鳴らしている。今回の特定秘密保護法と福島の現状について考えたとき、私は即座にこの本を思い出した。

政府のアリバイづくりとして行われた福島の秘密保護法の公聴会でも、多くの反対意見が出た。当然のことである。私たち福島県民は、どれだけ国や東電に欺かれてきたことか。秘密保護法案が成立すれば、原発や事故の情報はますます公開されなくなる恐れがある。

私の知事時代、「国に内部告発すると東電に情報が流されるから」ということで、約二〇通もの内部告発が私のところに届き、それに丁寧に対応した書類が残っている。

以下、内部告発の一部を挙げる。

「定期検査期間の短縮で十分なチェックができなくなっていることを危惧している。これまで長く発電所に携わっていた人間のノウハウが失われ、技術の継承もできず、初歩的なミスが増えてきているのではないかと危惧している」（〇三年二月）

「福島第一原発の何号機かはわからないが、発電機の置かれている部屋のコンクリート壁が飛び散り、発電機やその他の装置に被っている状態で現在運転している。東京電力ではそのことをわかっていながら、いまは止められないということで、運転を継続している」（〇三年九月）

「東電の社員が所内の作業を監督していない。このため、東電が知らないところで不正が行われていることがあった」

「原子炉圧力容器下部周辺などの高い被ばくが予想される作業では、線量計を外し、高い数値が出ないようにしているところがあった」（〇三年一〇月）

「九九年六月に福島第一原発三号機で発生した爆発事故についての発表が見られない」（〇四年八月）

「現在行われている福島第一原発二号機の定期検査は、きわめて短期間で行われていて工程的に無理がある。『安全・安心が第一』と謳っていることと異なる」

「作業員の過労による、なにか大きな人災なり事故が起きそうだ」（〇五年四月）

「四月に、福島第二原発三号機の制御棒駆動機構ハウジング二本にひびらしきものが見つかった」「東電はひびではなく線状の傷跡であることを確認したとしているが、専門家によれば応力腐食割れの可能性を否定していないということだ」（〇五年五月）

「定期検査終了後、東電の技術グループが一〇〇パーセント出力で行う『総合負荷検査』において、立会検査前の社内検査で、記録及び計器の不正があった。内容は、社内検査において合格範囲以外のデータについて、計器のゼロ点をシフトさせ、規定値に合わせる不正を行い、そのまま国の検査を受けたものである。『不正はしていません』との回答が出た場合、証拠があるので提供する。厳しい検査を願う」（〇六年五月）

紙幅の都合でこれ以上は割愛するが、読んでいて背筋を寒くされた方もいるのではないか。信じられないだろうが、これが科学の粋を集めて稼働されている原発の実態なのである。福島第一原発事故は、起こるべくして起きたのだ。

特定秘密法案が成立したいま、原発工事関係者たちの命がけの告発は、これからはどこに出せばいいのだろうか……。

人々が自分の意見を自由に言えない「息苦しい社会」は、民主主義の終焉を意味する。私は、大らかで柔軟な社会こそが人々の住みやすい社会であり、為政者は、善悪を常識的に判断して行動できる人々に対し、さらに規律を求めるようなことには、どこまでも慎重であるべきだと考える。社会の振り子が為政者の都合で、民主主義から全体主義に振れるようなことには、命を賭しても闘っていかなければならないと思う。

ドイツ公共放送局の「フクシマの嘘」

ドイツの公共放送局ＺＤＦが制作した二〇一二年放送の「フクシマの嘘」は、優れたドキュメンタリー番組である。私も取材を受けて出演している。ＹｏｕＴｕｂｅに上がっているので、ぜひご覧いただきたいと思う。

「フクシマの嘘」http://www.youtube.com/watch?v=8MZKxWLruZQ
「フクシマの嘘　其の弐」http://www.youtube.com/watch?v=8wCehe0iaKc

このドキュメンタリー番組には、東電を内部告発した元ＧＥのエンジニアで福島第一原発の検査責任者であったケイ・スガオカ氏も出演されていた。スガオカ氏は内部告発の裏に何があったのかを、このドキュメンタリーの中ですべて明らかにした。

彼が原子炉内の蒸気乾燥器が正反対に取り付けられていて、ひび割れているという重大なミスを発見し東電に報告したとき、ＧＥの担当者から「シャラップ！」、つまり「黙れ」

と言われたと証言した。「東電に問題などあってはならないこと。報告書には書くな」と命令されたという。

スガオカ氏はそれに従わなかったため、改ざんは東電側が行い、彼は改ざんされた報告書にサインすることだけを求められたと明かしたのだ。スガオカ氏はGEを退社した後、エンジニアとしての良心から黙っていることに耐えられず、当時の通産省に直接内部告白した。ところが、通産省はそのことを東電に知らせてしまったのである。その後の経過は前に書いたとおりである。

番組には菅直人元首相も出ておられた。「東電は三・一一の前にやるべきことがあったのにそれをやらなかった。地震と津波がきっかけかもしれませんが、今度の事故の責任は東電と国にある」と言明された。

同様に番組に出演した私は、自分が冤罪にはめられ、政治生命に大きな打撃を受けた経緯を説明し、それを仕掛けた側が原発推進の「原子力ムラ」であることを説明した。

菅氏は、中部電力の浜岡原発を止めるなど、脱原発の姿勢を明確にしたため、総理の座を追われたと思うと心境を吐露した。菅氏が番組の中で「(原子力ムラの) ネットワークは単に政官財だけのことだけでなく、学問や文化、スポーツのジャンルまで網がかけられている」と指摘したのが印象に残った。まったく同感である。日本はまごうことなき「原子力帝国」なのである。

菅元首相といえば、震災発生の翌日、ヘリで福島第一原発の視察に赴いたことを方々から批判されたが、私はそれはまったく筋違いの批判だと思う。大きな事故や災害があったとき、地方の首長が現場を視察するのは当たり前のこと。ましてや今度の地震と津波事故は、東日本全体が壊滅するかもしれないという最大級の事故だったのである。首相が現場視察するのはまったく正しい行動であり、むしろ行かないほうが批判されるべきだろうと考える。

その菅首相批判を煽《あお》ったのが、現首相であり、当時自民党の幹事長であった安倍晋三氏のブログであったことは、どう理解したらよいのか。

ドキュメンタリー番組の終わりに、ZDFの記者が東電の幹部にインタビューしてこう聞いた。「(これだけの事故を起こし、第一原発が半壊状態にあるいま)、福島を再び大地震が襲ったとき、安全であると断言できるのか。それでも東電は原発を再稼働させる覚悟があるのか」。

東電の担当者は長い間沈黙を続け、やっと口を開いて言った。

「お答えするのは、難しい」

しかし、どうだ。いま東電は柏崎刈羽原発の再稼働をめざして、着々と布石を打っており、国も財界もそれを後押ししている。

ドイツの公共放送局ZDFの「フクシマの嘘」、ぜひネットでご覧になっていただきたい。

日本政府の被ばく対策は受け入れがたいほどひどい

一四年三月一五日、「IPPNW（International Physicians for the Prevention of Nuclear War）ドイツ支部」の医学者、デルテ・ズィーデントプフ博士が自由報道協会で記者会見を行った。博士らは同月に被災地を訪れ、原発事故被害者と直接会って聞き取り調査をし、実情を調べてきたことをもとに、「日本の放射能被害者対策は受け入れがたいほど酷《ひど》い。チェルノブイリ事故後の教訓を生かそうとしていない」と厳しく指摘した。

同博士は会見で概略、次のように述べた。

①狭い仮設住宅に三年間も押し込めているのは酷い。人間の居住条件ではない。精神面での負担も大きい。
②チェルノブイリ事故後の避難地域設定と比べても、福島第一原発事故後に日本政府が定めた避難地域は狭すぎる。もっと広い地域が汚染状態にある。
③年間被ばく量は一ミリシーベルト以下とされている。それを年間二〇ミリシーベルト

にしているのは医学者として受け入れがたい。

④チェルノブイリ事故後、ベラルーシなどでは夏休みの時期、幼児や子供たちを母親と一緒に放射線量の低い安全な地域に連れて行き、一定期間過ごすようにするとかなりの程度健康を回復することがわかっている。こうした転地療法（保養）はやったほうがよい。

⑤一層危険なのはストロンチウム九〇だ。セシウムはある程度体外に排出されるが、ストロンチウム九〇は、いったん体内に入ると骨や歯に付着して排出されず、放射線を出して骨細胞などを傷つけ続ける。

⑥チェルノブイリ事故後一〇年の経緯を見ると、とりわけ食物や飲料水を通じた内部被ばくが深刻な問題だ。ジャガイモや米・穀類など、地中から直接養分を蓄える食物などから体内に入るストロンチウム九〇の影響は、絶対に軽視してはならない。毎日簡単に、食物の安全性、放射能汚染の程度を計測できるように、計測機を各地に配備すべきだ。

⑦現在の避難地域より広範な範囲で、内部被ばくの程度を最低でも半年に一度は計測し、人々の内部被ばくの状況を監視すべきだ（一年ごとでは不十分）。

ざっと以上のような内容の指摘が行われた。日本政府の被ばく対策を根底から批判したものだった。

当然のことながら、日本政府はこれに何も答えていない。

第5章

私の東北学「光はうつくしまから」

原発再稼働が目前に迫ったいま、全国の原発立地地区では反対運動が盛り上がっているが、安倍政権はまったく聞く耳を持たないようだ。フクシマの教訓は、忘れられている。なぜこんなことが大手を振って罷り通るのか。単純に現政権の強権的性格や原子力ムラの利権構造に、その因があるというだけではないのではないか。福島第一原発事故を招来した、もっと奥深い歴史的要因があるのではないか。それを考えるよすがとして、私の闘いの軌跡は有効ではないか。私はそう考えるようになった。つまり、

①私の事件は、過去のわが福島が体験した重要な事件と重なるのではないか。

②私の闘いは、福島県人と国及び国の政策との抗いの歴史とも重なるのではないか。

この思いが今、私の胸中にある。

そこでここでは、私の闘いの背景にある歴史に私の闘いを位置付け直してみたいと思う。なぜなら、次の最終章に語る「これからの福島と日本をどうすればいいか」の答えを、過去の歴史に学ぶことができると思うからである。

前にも少し触れたが、「東北学」という学問分野がある。その第一人者の一人に、赤坂憲雄学習院大学教授がいる。赤坂氏は、私が福島県知事時代に「面白い東北論を持つ民俗学者がいる」と着目して福島県立博物館長に招聘した方だ。三・一一以降、政府の東日本大震災復興構想会議の委員も務められた。

その赤坂氏が二〇一四年一月に朝日新聞地域面に寄せた文に「東北はまだ植民地だったのか」という一文がある。

赤坂氏はこう言う。

「なぜ、福島は貢ぎ物のように、ひたすら東京へと電力を送り続けてきたのか。なぜ、復興と称して巨大な事業ばかりが起こされ、地域の人々の意思が無視されるのか」

これでは福島は、まるで中央の植民地ではないかと赤坂氏は言う。今度の震災が東北の置かれた歴史的位置をむき出しにしたと赤坂氏は指摘した。慧眼《けいがん》だと思う。

福島県の歴史的位置を俯瞰《ふかん》するにはまず、江戸末期から明治の初めという近代の黎明《れいめい》期に戻る必要がある。そのわずか十数年という歴史的には非常に短い期間に、いったい福島の地で何が起きたのだろうか。

まずは、幕末の戊辰戦争から明治維新、そのなかで強制された「会津への処分」、そして明治前期の「自由民権運動」を通じて、郷里の先輩たちの苦難と戦いの系譜をたどってみる。それにより、日本が近代国家へと脱皮する時代の福島に、どんな哀しい旋律が刻まれたのか。そこでわが福島県人がどんな役を演じさせられたのか。それが現在にどうつながり、福島はそのハンデを克服できたのか。そのことを、私自身の「東北学」として話してみたい。

東北はまだ植民地だったのか？

「東北は昔から、東京に〝男は兵隊、女は女郎《じょろう》、百姓は米〟を貢ぎ物として差し出してきたと言われてきました。でもそれは戦前の話です。震災前、僕が東北を歩いていても、すでに人々の暮らしは豊かになっているし、『おしん』のような世界がどこかにあるわけでもない。だから僕は、東北はもう十分に豊かになったと感じていたんです。東京、つまり中央に貢ぎ物を差し出すといった意味での植民地的なあり方、それはもう過去のものになったと感じていた。しかし、それは間違いでした」（『震災考』赤坂憲雄著・二〇一四年・藤原書店より引用・編集）

こう赤坂氏は続ける。赤坂氏が被災地の現場を歩きはじめたのは、震災後の二〇一一年の四月初めだった。

「ひたすら巡礼のように歩き続けました。そのなかで、見えにくい、透明な植民地性が実は三・一一以前の東北にも残っていた、植民地は終わっていなかったということを、確認していくことになったんです」

赤坂氏は被災直後の南三陸町を訪ね、信じがたい「昔の東北」を垣間見ることになる。

「津波の届いていなかった山側の村にプレハブの建物があったので、『ここはなんなの？』

と聞くと工場でした。中をのぞかせてもらうと村の女性たちが働いていて、自動車の電子系統の配線を束にする、内職的な作業を黙々としていました。

ふと気になって時給を尋ねてみると、『平均したら三〇〇円くらいだと思う』と言われたんです。つまり、時給三〇〇円の世界がそこにあった。その当時、僕は政府の復興構想会議のメンバーだったんです。会議の中で繰り返し語られていたのが、〝東北は日本の製造業の拠点である〟〝東北はものづくりの拠点である〟という言葉でした」

確かに震災直後、東北はサプライチェーンの一大拠点であるといわれた。自動車部品などの供給が不可能になって米国の自動車メーカーの製造ラインが止まったなどと、大きく報道された。

「僕は『どこが?』と感じざるをえなかった。僕がプレハブ工場で見たものは、製造業の最末端、大手の企業の下請けの下請けの下請けくらいの現場なんです。そこまでいくと、時給三〇〇円の世界が広がっている。〝東北は日本の製造業の拠点です〟という言葉の裏側に転がっている現実は、要するにそのままアジアに繋がっていくような、内なる植民地としての東北だった。それは二〇年間歩き続けてもまったく見えてこなかった」

赤坂氏の話は、参議院議員五年と県知事一八年を通して、地方政治、ことに過疎地対策に身を捧げてきた自分としては耳に痛いことではある。

しかし赤坂氏が見たことは、本当だ。東北地方の一部に確かにある植民地的現実なのである。そうであるがゆえに私は、政治家への第一歩となった青年会議所会頭選挙に立候補したときにも「新地域主義」を訴え、地域社会の再生を終生の政治テーマとしたのである。知事時代は、みんなが就任を渋る「全国過疎地域自立促進連盟会長」を喜んで務めた。過疎の解消、地方の発展は私のライフワークでもある。

赤坂氏は言う。

「もちろんそれだけではなくて、（中略）原発が福島に一〇基あり、そこで作られたエネルギーや電気がすべて東京に運ばれているという構造もありました。（中略）電気を送り出す地域は、危険と背中合わせにお金をもらいながら、その役割を引き受けてきた。事故が起こったときに一瞬で見えてしまったものは、要するに、中央集権的なエネルギーの生産・供給システムのなかで、福島がまさしく植民地として機能させられてきたということなんです」

福島県の原子力発電所の歴史的性格を赤坂氏は正確に捉えられたと思う。

「もっというと、東北は日本の穀倉地帯、特に戦後は食料基地としての役割もあてがわれてきたわけです。つまり、戦前と戦後を通してみると、東北から中央に対する貢ぎ物の中身が〝部品・電力・食料〟へ変わっただけで、構造自体は何も変わっていなかったということなんですよ」

ここで赤坂氏は「部品・電力・食料」と言っているが、大事なものがもう一つあると私は考えている。それは「人材」である。かけがえのない頭脳と労働力を中央へ供出し続けてきたことを忘れてはならない。

以上が、福島と中央との歴史的な位置関係である。

明治維新のときに、新政府により会津藩の人々は下北半島の荒地へ流された。「転封」という名の実質的な棄民政策であった。それと同じような「棄民策」がこれから再現されるのではないか。それが震災後私の感じる不安であり、三年以上経た現時点でもその思いは消えない。

先のNHKの大河ドラマ『八重の桜』の舞台は福島県であった。幕末、故なしに賊軍とされた会津藩の悲劇も描かれていた。幕末の薩長を中心とした新政府による会津藩への仮《か》借《しゃく》なき処分に対して、いまだに、なにかしら納得できない思いを会津人が持っているのも確かだ。さらに福島では明治前期、激しく骨太な自由民権運動が起こり、その一大拠点となって、明治新政府から厳しく弾圧された歴史もある。そうした歴史の中で培われた福島人の「中央、何するものぞ」の反骨気風は連綿としていまに受け継がれている。

けれど、そうした中央へのスタンスがあだとなり、今度の震災からの復興にいくばくかでも影を落としているとしたら、これは看過できない。

となれば、改めてもう一度、中央と福島の歴史的関係を整理し直してみよう。私は、そう考えたのだ。

戊辰戦争の賊軍とされた会津藩

幕末から明治維新にかけて、わが福島県ほど歴史の大波に翻弄された地域もないだろう。攘夷論と開国論、それぞれが尊王論と結び付き、血を血で洗う政争に明け暮れた江戸末期、孝明天皇の厚い信頼のもと、会津藩主の松平容保は京都守護職として都の治安に当たった。

とくに元治元年七月（一八六四年八月）に起きた禁門の変では、都での勢力回復を図った長州藩に対し、会津藩は薩摩藩と共にこれを撃退、幕府による第一次長州征伐の発端となった。

一八六八（慶応四）年正月、薩長の挑発による鳥羽伏見の戦いで幕府軍は薩長連合軍に敗れ、徳川慶喜の命令により松平容保は大坂から江戸へ逃れる。容保侯は江戸で体勢を立て直し、薩長軍を迎え撃つ心算だったのだが、肝心の徳川慶喜が上野寛永寺大慈院に謹慎し、朝廷に恭順の意を表したため、慶喜の命令でやむなく会津に帰国する。

江戸城の無血開城、彰義隊の制圧を経て、新政府軍は東北諸藩、とくに恭順の意を示したにもかかわらず、会津藩と庄内藩の討伐に向かう。同年九月、会津藩は降伏、若松城を明け渡すのである。

戦争はいつの時代も悲惨なものだ。戊辰戦争の中でも、とりわけ会津戦争におけるご先祖様たちの悲劇には今でも心が痛む。京都大学名誉教授、佐々木克氏の名著『戊辰戦争』(中公新書)に新政府軍が会津若松に入った日の悲劇が描かれている。

「中嶋ら(政府軍)が邸内に入り、長廊下を進んで奥の間に入ったとき、眼に飛び込んできた光景に思わず息をのみ、しばし呆然と立ちつくした。血の海のなかに黒く長い髪が泳ぎ、死装束の女子供が一〇名ほど倒れていた。その中の一人は、まだかすかに息があって、『敵か味方か』と問うた。中島が味方だと答えてやると、その娘は身辺を探り短刀を取り出した。自分の首を切ってほしいとの意思表示であった。中島はただちに介錯してやった」

その娘は会津藩家老西郷頼母の長女細布子(一六歳)であった。

「西郷の妻千恵子(三四歳)は、夫頼母と長男吉十郎(一一歳)を登城させたあと、自らの手で五人の娘を刺し、自害したのであった。この日西郷邸で自害した一族の者は二一名であった」

さらに、こう続く。

「西郷家のほかにも、あちこちの武家屋敷で悲劇がおこっていた。この日藩士家族の殉難した者二三〇人余といわれている。市街戦で戦死者が四六〇人余で、約千戸の家屋を焼失した。他に一般市民の犠牲者も多数である」

これは政府軍が早朝、若松市街に乱入したときの様子をつづったものである。若松城の落城はこの一カ月ほど後のことになる。その間、どんな悲劇が繰り広げられたかは推して知るべしである。

白虎隊と二本松少年隊

私の父方の先祖は会津藩の隣藩、二本松藩の藩士である。会津戦争といえば飯盛山で大半が自刃した「白虎隊」があまりにも有名だが、実は会津戦争の前に「二本松戦争」という戦いがあり、白虎隊よりもさらに悲惨な最期を迎えた少年たちがいたことはあまり知られていない。戊辰戦没五十年祭で明らかにされた「二本松少年隊」である。

白虎隊士の年齢は一七、八歳、ところが二本松少年隊はそれよりももっと若い一三、四歳を中心に、中には一二歳という少年もいた。少年隊の数は木村銃太郎（二二歳）を隊長とした二七名と、その他三六名の少年たちである。わずか数時間の戦闘で一六名が戦死、ほかは負傷し、かろうじて逃げのびることができた。

少年たちの戦いぶりは、一九三九（昭和一四）年に発刊された『二本松少年隊』（安藤信

『二本松少年隊』安藤信著（厚生閣）。表紙の絵は1940（昭和15）年封切の松竹映画『二本松少年隊』から。主演・高田浩吉。二本松少年隊の隊長・木村銃太郎を若き高田浩吉が演じている。なお同映画は東京都京橋の「東京国立近代美術館フィルムセンター」に残っていた原盤を筆者の呼びかけで復刻版をつくったという経過がある。

著・厚生閣）にこうある。

「少年達の戦闘時間は僅かに数時間に過ぎなかったが、この血戦中の壮烈果敢な戦闘振りと射撃の適格さには流石の薩摩隼人も舌を巻いて、この方面を進撃した薩摩の小隊長野津七治（後の道貫・陸軍大将）も『敵は良く地物を利用し射撃極めて正確で、一時我軍は全く前途を阻害された。恐らくは戊辰戦争中第一の激戦であったろう』と述べている。或いは即死し、或いは重傷を負い、隊長を撃たれて惨憺たる状態で進撃する敵と肩を並べ前後して退いた。激戦中の事とてその状態を調べるよすがもなく、今に到っては如何ともなしえないが、燃え上がる城を目がけて逃れゆく少年隊の悲惨の姿を思えば涙が滲む。中には敗退の途で敵将を刺した一四歳の少年さえいる。けだし、戦闘の激烈なることと、その華々しさは白虎隊を遥かに凌ぐものもあろう。ただ、白虎隊の飯盛山の如き壮烈なる劇的最後がなく、乱戦の中にばらばらになって散った花弁であった」

私は、このくだりを読むたびに落涙を抑え切れない。

悲劇は少年たちだけではない。老人隊も結成されて、やはり多くが戦死した。戦争は、いたいけな少年や体の動きもままならない老人たちに真っ先に犠牲を強いるのだ。

会津藩の申し出た恭順の意を受け入れようとせず、仙台藩と米沢藩とによる降伏斡旋の労も拒否し、あくまで会津討伐戦を強行した新政府軍のやり方は正しかったのか。「万国公法に照らして間違いである」と新政府に警告した英国駐日公使パークスの言葉を待つまでもなく、会津戦争は明白に違法な戦争であったといえる。

苛酷にすぎた「会津への処分」

長々と会津戦争について述べてきたが、本題はこのあと行われた新政府による「会津への処分」にある。いわゆる戊辰戦争の戦後処理である。一言でいって、会津藩には苛烈極まる制裁が科されたといえる。会津への処分が発せられたのは、明治元年と改元された年の一二月であった。

藩主松平容保と世子喜徳は死一等を減ぜられ永預《ながあずけ》に。石高二三万石はわずか三万石に削封され、藩士とその家族は会津領を追われ青森県の斗南へ転封された。斗南地方は青森県の最北端、津軽湾に面した荒涼たる下北半島の荒蕪《こうぶ》地である。

斗南藩は公称三万石とはいうものの、名にしおう豪雪地帯で領土の大半はアワやヒエしか穫れない痩せ地ばかり、実際の収穫量は七〇〇〇石ほどであったという。このとき、いったい何人の会津藩士が厳寒の新天地に移ったのだろうか。

『会津戊辰戦史』（会津戊辰戦史編纂会／一九三三年）には、「一時会津にとどまる者二一〇戸、あるいは農商に帰する者五〇〇戸、東京または各地に赴きて生活を求める者三〇〇余戸」という記述が見られる。当時の平均世帯人数を五人とすると、ほぼ五〇〇〇人ほどが会津藩の士分を離れ、平民になる道を選んでいる。残る二八〇〇戸、一万七〇〇〇人ほどが斗南藩へ移住したと思われる。

移住した彼らの暮らしぶりについて、前出の『戊辰戦争』にはこう述べられている。

「旧高の二三万石から七千石に収入を落とされ、会津藩士はどうやって日々の生活をしのぐことができるというのであろうか。下北の地に移住した旧会津藩士の生活は、餓死と凍死をのがれるのが精いっぱいであり、栄養不足のため痩せ衰え、脚気となり、頭髪も抜け落ちて坊主頭になるほどであった。死んだ犬の肉まで食わねばならず（後略）」

と、まさに外道に落ちる生活を送らねばならなかった。これを「棄民」と言わず何と言おう。しかしそれでも、いつかは斗南藩を会津に代わる立派な藩に再建することが、彼ら会津藩士の生きる希望であった。会津人は辛抱強いのである。しかしその望みも、一八七一（明治四）年に断行された「廃藩置県」であっけなく潰え去った。斗南藩は廃され斗南県になる。けれども、その二カ月後には青森県に統合されてしまう。彼らの処遇は宙に浮いた。

そのとき、新政府から斗南藩士に向けて出された通達（最後通牒）は以下のようなものだった。これには、大久保利通らが立案にかかわったとされる。

一、明治六（一八七三）年三月限り手当米は廃止する。
二、斗南ヶ丘、松ヶ丘の開拓は中止する。家業は農工商各自自由とする。
三、ほかに移る希望の者は一人につき米一俵、金二円、資本として一戸につき金一〇円を支給する。
四、管内で自立を希望する者へは一人につき米五俵、金五円、一戸につき資本として五円を支給する。
五、開拓場は三本木一ヵ所に定める。

六、開拓場に移転を希望する者は、永住を覚悟し、農業をおこなう旨、誓書を出す。ただし一戸の中に強壮な男子一人がいなければ、許可しない。

七、男子がいなくても一戸のなかに強壮な婦人が二人以上いて、病人や障害者がいない場合は検査の上、許可する。

これが、会津人に対する最終処分だった。わずかな金と米を支給するから、斗南に残るなり、よそへ移るなり勝手にしろ、という内容だ。残っていたおよそ一万四〇〇〇余人の会津藩関係者（うち高齢者及び疾病罹病者六〇〇〇人余、幼年者一六〇〇人余）は、またもや生計《たつき》の地を求めてよそへの移住を余儀なくされたのである。

これが幕末から明治にかけての「会津への処分」の大まかなところである。無惨というも、愚かなり。会津人の薩長政府、ことに厳罰処分をリードした長州に対する憤激がいまだに強いのも、これでおわかりいただけることだろう。

後に明治期に陸軍大将にまで上りつめた柴五郎は斗南藩の出身である。死んだ犬の肉を食べさせられたのは、実にこの五郎少年であった。口に含んだまま吐き出しそうになった五郎少年を会津武士の父はこう叱ったという。

「武士の子たることを忘れしか。戦場にありて兵糧なければ、犬猫なりともこれを食らい

写真提供：毎日新聞社

柴五郎
（しばごろう）
1860〜1945年。陸軍大将。福島県会津生まれ。軍事参議官・台湾軍司令官・東京衛戍総督・第12師団長を歴任。1880年陸軍士官学校卒業。日清・日露戦争に武功を立てる。海外駐在武官としても活躍。1945年の敗戦後の9月、自決を図るもかなわず、同年12月病没。墓所は会津若松市・恵倫寺。同市のかつて兵営があったところに柴の生家跡を示す石碑がある。柴が息子にあてた遺書『ある明治人の記録：会津人柴五郎の遺書』（中公新書）が知られる。

ついて戦うものぞ。ことに今回は賊軍に追われて辺地にきたれり。会津の武士ども餓死して果てたるよと、薩長の下郎どもに笑わるるは、のちの世までの恥辱なり。ここは戦場なるぞ、会津の国辱（こくじょく）そそぐまでは戦場なるぞ」

ここも、涙なしには読み通せない。

柴五郎は、父親のこの叱責を生涯忘れることがなかったらしい。柴が自分の息子宛に書いた遺書『ある明治人の記録』（中公新書）の中で、「今は恨むにあらず、怒るにあらず、ただ悔しきことかぎりなく、心を悟道に託することができない」と述べ、薩長閥の顕官に対する複雑な思いを吐露している。

近代日本史の闇の部分である苛酷な奥羽越列藩への処分（ことに会津への処分）。そこに、

「白河以北一山百文」の汚名を着せた東北軽視の元凶があると考えるのは私だけではない。中央官僚による地方支配の構造も、この時代にできあがった。基本的なスタンスは唯我独尊、自分たちの誤謬《ごびゅう》を決して認めない。「よらしむべし、知らしむべからず」。情報を隠ぺい、遮断するその体質が、今日の福島第一原発事故につながるのである。

福島の自由民権運動

福島県の近代史を語るときに、忘れてはならないもう一つの歴史的事件がある。自由民権運動に対する明治政府の弾圧事件、いわゆる「福島事件」である。

福島県が明治の自由民権運動の一大拠点であったことを知る人は、そう多くないだろう。しかし福島県人の思想風土に大きな影響を与えた二つの事件が、前述の会津への処分とこの福島事件であると私はずっと考えており、福島事件についてもしばしページを割きたいと思う。

発足したばかりの明治新政府の実態は、薩長が牛耳る専制政府であった。むろん国会もなければ憲法も制定されていない（帝国憲法の公布は一八八九年、施行は翌年一八九〇年、同年議会が始まる）。このような社会情勢の中で、国民の自由と権利を獲得すべく自由民権運動が燎原《りょうげん》の火のごとく広がっていく。

自由民権運動は当初、士族を中心にして始まった。求めたものは国会の開設である。官職を辞し野に下った板垣退助が主導した自由民権運動の推移については、一般によく知られるところであるから、ここでは深く立ち入らない。

明治新政府は、幕藩体制から新しい国家づくりへ、その仕組みを変えるべく改革を進めたが、多くの国民の生活は苦しいままだった。

とくに庶民の暮らしが苦しくなったのは、西南戦争以降の超インフレを抑止するためデフレ政策がとられてからである。これで景気は一気に冷え込んだ。紙幣の発行高も米価も下がり、とくに米や繭などの農産物の価格が下落し、農村は打撃を受ける。しかも追い打ちをかけるような大増税で農民は困窮するばかり。税を払えないため田畑を差し押さえられたり、借金のかたに土地・屋敷を取られる農民が続出した。

当初自由民権運動は東京の南多摩地区で見られたように、自作農や先進的な青年たちに指導された知的な思想運動体であった。国民精神の解放運動という性格も持っていたのである。

わが福島においても、自由民権運動の隆盛をみた。その拠点が、「石陽社」が設立された石川町であり、三春町や喜多方市であった。自由民権記念館のある三春町の公設ホームページには、誇らしげに次の記述がある。

「三春町出身の河野広中（こうのひろなか）は、多くの同志たちと民権運動に参加し、三春に政治結社『三師社』、青年活動家を養成する学塾『正道館』を創設し、数多くの運動家を育てました。また、関東・東北地方では例のない政治雑誌『三陽雑誌』を発刊しました。このような活動により、三春は東北地方最大の自由民権運動の中心地となったのです。河野らの活動は、福島県内にとどまらず、わが国最初の政党『自由党』の結成には代表を送り、党の活動にも積極的に関わりました」

河野広中は国会期成同盟の幹部で県会議長の要職にあった人だ。自由民権運動の指導者として反政府的な言論で議会をリードしていた。その河野と対峙した人物がいた。民権運動を激しく弾圧したことで有名な、元薩摩藩士の三島通庸である。「鬼県令」の異名を持つ三島が福島に県令（知事）として赴任、会津三方道路建設など強引な事業を行う中で対立が生じ、民権派への弾圧が始まる。

民権運動の高まりの中で起きた一連の事件が「福島事件（一八八二年一一月）」や「秩父事件（一八八四年一〇月）」であり、ほかにも「秋田激化事件（一八八一年六月）」や茨城県の「加波山事件（一八八四年九月）」などが起きている。

福島事件の端緒となったのが、一八八二（明治一五）年の秋に起きた喜多方事件である。自由党員で福島事件にも深くかかわった門奈茂次郎を父方の祖父に持つ西川純子氏（獨協大学名誉教授）が、日本経済評論社のＰＲ誌「評論」一七八号に事件について詳しく述べている。以下に引用する。

福島に帰った茂次郎を待ち受けていたのは、会津三方道路建設問題であった。北は山形県まで、南は栃木県まで、西は新潟県までをつなぐ三方道路の開設は、会津の発展にとって決して悪くない計画であったが、その進め方に問題があった。三島県令は議会を無視して計画を推進し、帝政党を使って反対派の武力弾圧も辞さない構えであった。

反対したのは議会無視を憤る自由党員と、代夫賃の負担を強いられた地元農民である。農民は道路建設の夫役を拒む場合には人夫の賃料を支払わなければならず、代夫賃が払えない場合には財産の差し押さえが強行された。憤慨する農民に代わって自由党の原平蔵と三浦文治（別名文次）が一一月二〇日に喜多方署へ赴き、郡長に激しく抗議したところ、逆に官吏誣告罪に当るとして拘留されてしまった。二人は二三日に若松の軽罪裁判所に送られることになったが、これを知った農民二〇〇〇名余りが、街道筋に集まって護送を阻止する行動に出た。

三島県令はこの機に乗じて自由党県会議員の宇田成一らの逮捕に踏み切ったが、これがなおさら農民の怒りを煽ることになる。二八日早朝から、赤城平六の呼びかけに応じて数千人の農民が山刀、棍棒、熊手などを持って喜多方署に押しかけた。その後弾正ケ原で集会を開いた彼らは代表者を警察署に送ることを決議する。喜多方事件として歴史に残る騒動が起こったのは、代表者による交渉の結果を知ろうとして群集が再び警察署に押しかけた時であった。群衆の中から投石があったとして、抜刀した巡査が数人を傷つけたのがきっかけである。

（大島美津子「福島事件」我妻栄ほか編『日本政治裁判史録 明治・後』、第一法規、一九六九年より）

三島県令は喜多方事件を口実として、自由党員と農民二〇〇〇人余を検挙する。このとき河野広中・田母野秀顕ら、三春町出身者一〇名を含む、五八名の民権運動家も逮捕され、国家に対する罪（内乱陰謀）で有罪となった。

二年後の一八八四（明治一七）年に起きた茨城県の「加波山事件」は、福島県内の民権運動家が中心となって、栃木県令に就任していた三島通庸を暗殺しようとした事件である。三島は栃木県でもまた福島県と同様に自由党を弾圧し、農民に不当な労役を課して道路建設を強行しようとしていたのである。

決起したのは自由党左派一六名（茨城県人三名、福島県人一一名、栃木県人一名、愛知県人一名、平均年齢約二四歳）であったが、運動は過激化しテロ化する。河野広体（広中の甥）らは、資金調達のために質屋を襲ったり、爆弾を製造したりしたが、すべて失敗に終わり一網打尽にされる。

これを契機に、東北における自由民権運動は終息する。それから五年後の一八八九（明治二二）年二月、大日本帝国憲法の発布、翌年には第一回の衆議院選挙が行われ、帝国議会が成立する。

なお、三春町の自由民権記念館に立つ記念碑の台座に刻まれた篆額《てんがく》は、私が知事時代に頼まれて揮毫《きごう》したものである。

「近代化」のもとで強いられた犠牲

福島県においてなぜ自由民権運動が盛んになり、過激化していったのか。民衆の心の底にあった憤激の源は何だったのか。福島事件の首謀者の一人、前述の門奈茂次郎は次のようにその心境を吐露している。

「自分もかねがね会津地方の士族が、三島の使嘱にて帝政党を組織し、自由党に迫害するを聞き、元来、会津士族が、鳥羽・伏見に戦いたるは、薩摩・長州との戦いにて、後に天下の大勢より朝敵の汚名をうけたるも、是れ其志と違いたるは明瞭のことなり。国事に鞅掌（おうしょう）する者、理義によって旧怨を捨るは本懐とすべきも、藩閥の走狗となりて自由党の志士を迫害するが如きは、会津男児のなすべきことにあらずと考えたるにより、自分は福島に至り、若し頑迷悟らざるにおいては、場合により差し違えても所信を貫くべき覚悟にて、河野氏の乞いを入れて福島行きを決意せり」（門奈茂次郎「東京挙兵之企図」石川猶興『風雪の譜』、崙書房、一九七二）

三島県令の圧政への怒りもさることながら、藩閥の走狗に成り果てているかつての会津藩士と刺し違えて死ぬ覚悟だと言っているのである。苛酷な会津への処分を断行した新政府側について同郷の民権運動家を弾圧するとは何事かという憤激である。そこには、道路網整備という近代化のプロセスで福島県民が不当に負担を強いられ、分断されていることへの怒りと哀しみがある。

以上、近代国家建設の黎明期に福島県下で起きた二つの歴史的事柄の跡を追ってみた。いずれの場合も、最大の犠牲者は責任のない庶民である。無辜の大衆である。彼らの犠牲の上に日本の近代化が推し進められたのである。

これとまったく同じ図式の犠牲の押し付けが、日本の経済発展のため、エネルギー政策のためと称して、戦後ずっと東北や越後などの原発立地に対して行われてきたと見ることもできる。原子力帝国と闘ってきた私には、どうしてもそう見えるのである。

今や遠い歴史上の出来事となった「会津への処分」と「福島事件」は、福島県人、とくに会津人にとって、恩讐の彼方へおいそれと忘れ去ることのできない痛恨事であり、歴史を繰り返させないようにと、われわれを戒めている。

「会津」に思う

福島県只見町と新潟県下田村（現三条市）を結ぶ県境の峠を「八十里越」という。実際の距離が一〇倍にも感じられるほどの険しさのために、こうした呼び名がついたともいわれている峠である。十数年前の五月頃と記憶するが、この峠を地元の皆さんと一緒に歩いたことがあった。

キビタキのさえずりが聞こえる新緑のブナ林の中、道々にはシラネアオイやチゴユリが一行を和ませてくれるように可憐な花を咲かせ、垣間見る湿原にも水芭蕉に代わってミツガシワの白い花が咲いていた。

この八十里越は、今では人の往来もほとんどないが、この峠こそ、一三〇年前、北越戊辰戦争で長岡藩家老の河井継之助が、傷つきながら藩士らと共に会津へ逃れた道である。こうした峠を歩いたせいだろうか、このとき私の思いは会津への歴史へとかき立てられたのである。

思えば会津藩は、とりわけ教育に熱心な藩であった。会津藩校日新館は日本五大藩校の一つに数えられ、校内には日本最古の水練池（プール）や天文台まであった。

その日新館に入学前の一〇歳未満の子供たちの間には、「什（じゅう）の掟」というのが、実践教育として骨の髄まで染みるほど厳しく徹底されていた。「什」とは仲間のことであり、その「掟」とは仲間同士のルール、言い換えれば、会津藩における幼年者向けの子供憲章である。

「什の掟」は「年長者の言うことに背いてはなりませぬ」から始まり、「虚言を言うことはなりませぬ」「卑怯な振る舞いをしてはなりませぬ」「弱いものをいじめてはなりませぬ」などと続き、「ならぬことはならぬものです」で終わる。この掟は、内容的にも明快かつ普遍的であるがゆえに、元服後の会津武士の倫理観・行動規範の根源をなし、会津魂を培った精神的土壌ともなっている。

さらに、武家社会のみならず一般家庭の教育や女子教育にも大きな影響を与え、教育を重んじる土地柄や会津ならではの精神風土をつくり出していったものと思われる。その証左として、一九世紀後半から末期にかけて、会津は優れた女性の先駆者を数多く輩出したことが挙げられる。

たとえば、壮烈をきわめた戊辰戦争の中、敵味方なく傷兵の看護や、戦火のために路頭に迷う孤児らの救護に奔走し、その後も半生を社会活動に捧げ、日本のナイチンゲールと称された瓜生岩。戊辰戦争時には男装して奮戦し、その後、夫・新島襄らと共に、同志社の設立、発展に尽力した新島八重。日本最初の女子留学生として渡米し、欧米文化の導入に貢献した大山捨松。女性の自立を説く一方、『小公子』の翻訳など少年少女文学の振興に情熱を注ぎながらも夭逝した若松賤子などなど——。

日本が近代国家としての装いを急いでいた混乱の時期に、こうした会津の女性たちがいたことを私は誇りに思う。戊辰戦争の悲惨なまでの逆境に挫けず、むしろその逆境を跳ね返すことを糧として、自己の心情を燃焼させようとした、会津人の一途さ、真摯さがそくそくと伝わってくる。

戊辰戦争に敗れ、朝敵、賊軍の汚名を着せられて下北半島へ流転の憂き目に遭うなど、会津は悲惨と忍従の歴史を辿ってきた。その歴史と心は、戊辰戦争から一〇〇年経ったいまも、会津に生きる人はもとより会津をルーツとする人々の中に、脈々と息づいている。

そして、気骨・一徹・清廉といった気質を内に秘めた「会津っぽ」を多く生み出している。

その典型が、私が参議院選挙に敗れ、浪人中の三年間、その後ろに付いて歩いた伊東正義先生である。先生は内閣官房長官や外務大臣などの要職を歴任するも、請われた首相の座を「本の表紙だけ変えても中身が変わらなければ駄目」と、厳として固辞されたという逸話を持つ。また、会津戊辰の真の歴史と、至誠に生き至誠に殉じた会津藩の心を書き続けた作家の早乙女貢氏もそうだ。

一九九八年の正月、早乙女先生とテレビの新春対談番組でご一緒したとき、「安くして危うきを忘れず、存して亡を忘れず、治にいて乱を忘れず」という易経の言葉を先生が紹介され、深く心に刻み込まれた言葉となった。

今から一六年ほど前、二一世紀を目前にして私は次のような文章を書いた。「二一世紀という新しい時代の扉を前にして、魅力ある日本を子供や孫たちに引き継いでいくために、私たちは、次の時代に何を伝え残していかなければならないのか。この問いに対し、会津の歴史を通して日本人の精神的支柱を描く早乙女先生の『会津士魂』（全一四巻・吉川英治文学賞受賞）は、確かな答えを我々に与えてくれている」と。

また会津の歴史と心は、人一倍人情に厚い、心優しい会津人気質を醸成している。その一つの表れが「会津の三泣き」だろう。転勤などで会津に行くことになった人が、会津に行く前に「雪深い田舎には行きたくない」と一泣きし、実際に会津に暮らして「会津の人々の優しい気遣いや厚い人情が心に沁みる」と二泣きする。さらに歳月が過ぎて、会津を離れる段になり、「会津や会津の人々と別れるのがつらい」と三たび涙するというのである。

福島県がこの「三泣き」をテーマに広くエッセイを募集したところ、全国各地から、心温まる逸話や会津に対する熱き思いが多数寄せられた。こうした会津の歴史と心は、一八七六（明治九）年に若松・福島・磐前（いわさき）の三県が合併して現在の福島県となってからも県民共有の資質として引き継がれている。

安藤昌益が私の政治の原点

自分の政治の原点はなんだろうと振り返るとき、政治家活動の大半を地方政治に捧げてきた私にとって、あれだ！　と思い当たる若いころの体験がある。

青年会議所福島ブロックの会長をしていた一九七六（昭和五一）年。青森県八戸市で、日本青年会議所（ＪＣ）の東北地区大会が開催された。大会のテーマは「東北の風と土と心」で、江戸時代の思想家、安藤昌益を取り上げていた。

安藤昌益はもともと医者で、母親が今でいう鉱毒に冒されたため、その治療法を探して京都、江戸と良き師を求めて訪ね歩いてみたものの、昌益の見るところ、都会には時の権力者にとりいり、己の立身をはかるような人物しか見当たらず、八戸に戻り医者を開業した。しかし、江戸からいろいろな情報が船に乗って集まる八戸も、彼の目にはただの都会としか映らず、「都市の地に於いて、道に志す正人出づること能わず（都会では立派な人は育たない）」と、自分の生まれた秋田の大館の在、二井田村に帰り、独学で昌益独自の思想体系をつくり上げた。

私は「都会に人は育たない」という言葉が、出逢いの初めから強く印象に残った。

全国的に見ても東北は独自の文化の体系を持っている。それはその時代の権力の中心であった京都や、江戸・東京から離れていたためではないか。宮沢賢治は宇宙と直接つながったし、棟方志功は自ら独特の技法を開拓した。ゆえに東北は、東京や京都の模倣でない独自の文化を作り上げてきたのではないかと考えたのである。

そのころ、安藤昌益の墓が新たに発見されたというので、大館に赴き、年若い地方史研究家の山田福男君に案内してもらった。

「大館という地は遠いなあ。青森からも秋田からも遠くてとても時間がかかり、地方も地方、地の果てのようで……」

と私が言うと、山田君がすかさず反論してきた。

「地方、地方と言わないでください。俺にとっては自分の住んでいるこの大館が、ここが中央なんです！」

この言葉はショックだった。「東北は遅れている。みちのくは遅れている。白河以北一山百文」といった意識が私自身にもあった。

ところが全国を回って気づいたのだが、どこへ行っても、自分のところは遅れていると思っているのである。戊辰戦争のとき、東北に攻め込んできた薩摩藩の鹿児島県に行っても「遅れている」。四国も中国もしかり。北海道はもちろん、東京と並ぶ日本の中心と思っていた大阪でさえ「大阪は地盤沈下している」と言うのである。

自分の住んでいる地域を、東京との「近い遠い」の関係だけでなく、行政も経済も文化も教育も、すべてが東京というフィルターを通してしか見られなくなっているのではないか。これは、東北に限らず全国同じ状況であった。

「自分のいるところが、俺にとっての中央だ」

というこの大館の青年の言葉は、私が漠然と抱いていた「地方はこれからどうしたらいいのか？」という疑問を解くのに大きなヒントを与えてくれ、その後の考え方の原点となった。

私は、一九七九（昭和五四）年度の日本青年会議所会頭選挙への出馬に当たって、「自分の住むところを中央と考えるところから地域づくりを考えはじめないといけない」という「新地域主義」を打ち出して臨んだ。同じころ、神奈川県知事に当選した長洲一二さんが、中央公論に「地方の時代」という論文を発表されたことも私の大きな自信となった。選挙の結果は残念ながら敗北に終わったが、この考え方は、その後参議院議員を志し知事に転じても一貫して私の考え方の中心にあった。

そうした意味で、八戸や大館は、安藤昌益と共に、私の政治の原点である。

安藤昌益は、武士が働かず農民の作った作物で生活を支える当時の社会の仕組みを厳しく批判したことで知られる、独創的な江戸時代中期の医師であり思想家である。昌益は『自然真営道《じねんしんえいどう》』と題する哲学・政治論文一〇一巻九三冊（現存するのは一五巻一五冊、うち三巻三冊は写本）を著している。

その思想の根底に流れるのは、「直耕」という考え方。すなわち人はみな、男女支え合って土地を耕し、自らの食と衣を自給しながら生きるべきである。それが人の人たるゆえんであると説いた。自ら生産活動をせず、他人の成果を盗み取っている者を「不耕貪食《ふこうどんしょく》」の徒として厳しく指弾した。

昌益がこうした考えに至ったのは、寛延二（一七四九）年に始まる「猪飢渇《いのししけがじ》」と呼ばれる、八戸藩の凶作と飢饉の惨状を目の当たりにしたことによるといわれている。

昌益の書『統道真伝』（岩波文庫）で解説を書いた歴史家の奈良本辰也博士（一九一三〜

二〇〇一年）は、昌益をこう評価している。

「彼をして、あえて今日に意義あらしめているのは、その身分制度に対する苛責なき批判と、もろもろのイデオロギーの背後に体制擁護の姿勢をよみとっていることである。そして彼は、自分が理想と知る社会の原像をつくりあげた。それは犯し犯されることのない社会、すべての人々が平等に、安食安衣できる社会なのである」

安藤昌益が、西洋思想の封建制否定や社会主義の概念が生まれる一〇〇年以上も前の時代を生きたことを考えれば、その先進性に驚かざるをえない。東北の辺境という風土に根差した日本最初の農本主義者であり、世界初のエコロジストともいわれている。私は、男女が相互に助け合いながら働くという昌益の平等主義に深く影響されたのであり、政治活動の原理ともなっている。三・一一以降、安藤昌益の思想が再び脚光を浴びているのは、私にとっても嬉しいことである。

安積艮斎に学ぶ

私には、安藤昌益に対するのと同様に尊崇の念を持つ郷里の偉人がいる。二本松藩郡山に生まれた江戸時代後期の儒学者、安積艮斎《あさかごんさい》（一七九一～一八六〇年）である。

安積艮斎との出逢いも青年会議所の活動をしていたころのことになる。一九七八年、青年会議所の会頭選挙に立候補することになったとき、岡山県の津山市にある津山洋学資料館を訪れた。箕作麟祥《みつくりりんしょう》という法学者の展示が行われており、その中に安積祐助という人物から箕作麟祥へ宛てた手紙があった。

箕作麟祥は医者の家系で法学者であり、英語も勉強して明治時代になって法典の編纂などに活躍した人物である。手紙の主が安積祐助とあったので、安積という名はあまりよそでは聞かない名前であるし、もしかしたら艮斎に関係する人かなと思ったのだった。

調べてみると、祐助とは艮斎の幼名で、手紙の主は艮斎その人だった。箕作麟祥は安積艮斎の弟子だったのである。こんな経緯もあり、青年会議所の活動が終わったら彼の研究をしたいと思っていたのだが、実際には政治家になってしまったので、それは実現できなかった。けれど、資料だけは思い付くままに、せっせと買い集めていた。

二〇〇一年の九月、郡山市に「安積艮斎記念館」が開館し、私はその記念講演を依頼された。ちょうどいい機会だと思い、福島県立博物館と福島県歴史資料館のスタッフ、県の政策関係のスタッフと私の四人とで安積艮斎の勉強をかなり根を詰めてやった。このとき、安積艮斎に関する理解と心酔が深まったのである。

安積艮斎は古代中国の言葉「格物窮理《かくぶつきゅうり》＝物を知って理を窮める」をこう理解した。「理を講窮して、書籍を読むことではあるけれども、しかし、それでは本当の理、理屈というのは難しい。自分の置かれた場所と実事について講窮することである」

艮斎は、「陽明学」なども真剣に勉強していたのである。

王陽明の言葉に「事上磨練《じじょうれんま》」というものがある。英語でいうと「オン・ザ・ジョブ・トレーニング（on-the-job training）」。知識をいくら持っていてもそれだけでは意味がなく、いざ物事に当たってどうしようかということが大切だと説いている。

艮斎は「格物窮理」に加えて、「事実の究明は『知行の並進』である」とも言っている。「知行の並進」とは、知ることと行うことを一緒に進めるということ。「知ることと行うことを離れては窮理はありえない」と言っている。実践に結びついてこそ学問の価値があるということであろう。

艮斎は、渡辺崋山や高野長英などの洋学者たちとも親交があった。外国の事情についても幅広い知識を持っていて、本来ならば松平定信が発した「異学の禁」を推し進める立場にありながら、洋学などを幅広く勉強していた。「学問の道は、善を取り、実学に心あつき人を取る」ことであると語るなど、非常に懐の深い温かい人だったことが想像できるのである。

江戸時代の学問は初期・中期まではまとまりもなく、それぞれが学問を真剣に勉強しながら自分で塾をつくり、世間に広めていった。中期ぐらいからは、貝原益軒の『女大学』

や『養生訓』のような庶民の生き方や、また為政者のなすべき政治の有り様をそれぞれ研究して明治までできたということになるだろう。

安積艮斎はその象徴のような人物であり、江戸時代の学問が朱子学を中心に昌平黌《しょうへいこう》に集約されると同時に、集約されたものが逆にいろいろ別の動きをする。学問そのものが非常に幅広かったのである。

次頁に掲げる図「安積艮斎に連なる思想的系譜」は、江戸時代に活躍したそれぞれの学者の、それぞれの動きを一枚の表に著したもので、近世儒学の祖・藤原惺窩《ふじわらせいか》から安積艮斎に連なる思想的な流れをまとめたものである。それまでの戦国時代の荒れた精神風土の中から、どういう形でどういう学問が、そしてどういう政治が、あるいは政治のもとになる学問が行われたのかを整理したものである。

ここまで、安藤昌益と安積艮斎を中心に、江戸時代の学問の流れをざっと俯瞰してきた。江戸時代の学問の蓄積がその後の日本の形をつくったことを見てきたわけだが、いまこれだけ混乱する二一世紀の世界の中で、われわれが拠り所にすべき学問や思想があるかというと、どうも心もとないというのが率直な思いである。

「温故知新」の譬《たと》えにならい、いまこそ先人たちの叡智に学ぶべきではないだろうか。

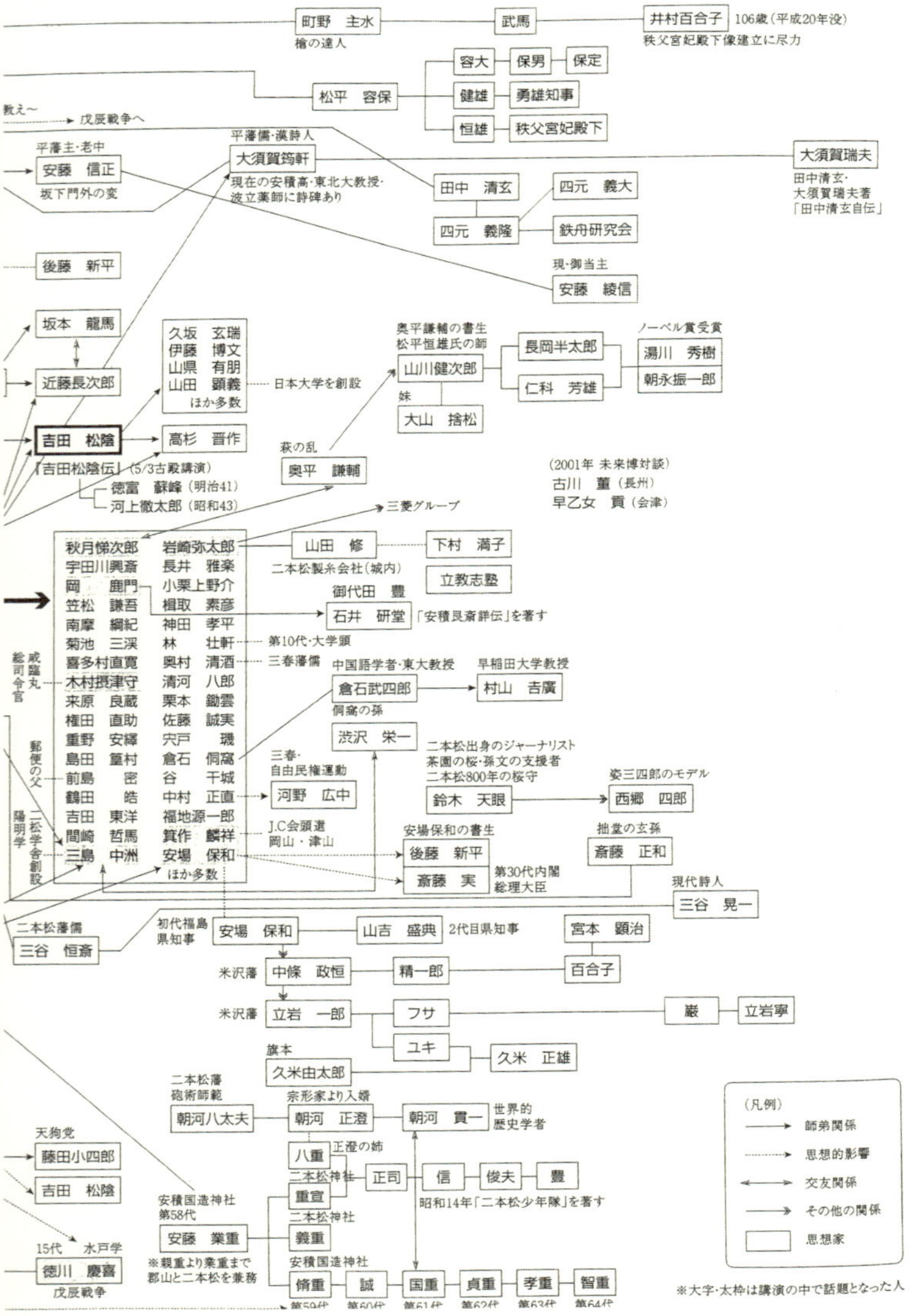

町野　主水
槍の達人
武馬
井村百合子
106歳（平成20年没）
秩父宮妃殿下像建立に尽力
容大
保男
保定
松平　容保
健雄
勇雄知事
恒雄
秩父宮妃殿下
教え～
戊辰戦争へ
平藩儒・漢詩人
大須賀筠軒
大須賀瑞夫
田中清玄・
大須賀瑞夫著
「田中清玄自伝」
平藩主・老中
安藤　信正
坂下門外の変
現在の安積高・東北大教授・
波立薬師に詩碑あり
田中　清玄
四元　義大
四元　義隆
鉄舟研究会
後藤　新平
現・御当主
安藤　綾信
坂本　龍馬
久坂　玄瑞
伊藤　博文
山県　有朋
山田　顕義
ほか多数
日本大学を創設
奥平謙輔の書生
松平恒雄氏の師
山川健次郎
長岡半太郎
仁科　芳雄
ノーベル賞受賞
湯川　秀樹
朝永振一郎
妹
大山　捨松
近藤長次郎
吉田　松陰
高杉　晋作
萩の乱
奥平　謙輔
『吉田松陰伝』（5/3古殿講演）
徳富　蘇峰（明治41）
河上徹太郎（昭和43）
（2001年 未来博対談）
古川　薫（長州）
早乙女　貢（会津）
三菱グループ
秋月悌次郎
岩崎弥太郎
宇田川興斎
長井　雅楽
岡　鹿門
小栗上野介
笠松　謙吾
楫取　素彦
南摩　綱紀
神田　孝平
菊池　三渓
林　壮軒
喜多村直寛
奥村　清酒
木村摂津守
清河　八郎
来原　良蔵
栗本　鋤雲
権田　直助
佐藤　誠実
重野　安繹
宍戸　璣
島田　篁村
倉石　侗窩
前島　密
谷　干城
鶴田　皓
中村　正直
吉田　東洋
福地源一郎
間崎　哲馬
箕作　麟祥
三島　中洲
安場　保和
ほか多数
咸臨丸総司令官
郵便の父
陽明学
二松学舎創設
山田　修
二本松製糸会社（城内）
下村　満子
立教志塾
御代田　豊
石井　研堂
「安積艮斎詳伝」を著す
第10代・大学頭
三春藩儒
中国語学者・東大教授
倉石武四郎
侗窩の孫
早稲田大学教授
村山　吉廣
渋沢　栄一
二本松出身のジャーナリスト
茶園の桜・孫文の支援者
二本松800年の桜守
鈴木　天眼
姿三四郎のモデル
西郷　四郎
三春・
自由民権運動
河野　広中
J.C会頭選
岡山・津山
安場保和の書生
後藤　新平
斎藤　実
第30代内閣
総理大臣
拙堂の玄孫
斎藤　正和
現代詩人
三谷　晃一
二本松藩儒
三谷　恒斎
初代福島
県知事
安場　保和
山吉　盛典
2代目県知事
宮本　顕治
米沢藩
中條　政恒
精一郎
百合子
米沢藩
立岩　一郎
フサ
巌
立岩寧
ユキ
久米　正雄
旗本
久米由太郎
二本松藩
砲術師範
朝河八太夫
宗形家より入婿
朝河　正澄
朝河　貫一
世界的
歴史学者
天狗党
藤田小四郎
吉田　松陰
八重
正澄の姉
二本松神社
正司
信
俊夫
豊
重宣
昭和14年「二本松少年隊」を著す
安積国造神社
第58代
安藤　業重
※親重より業重まで
郡山と二本松を兼務
二本松神社
義重
安積国造神社
脩重
誠
国重
貞重
孝重
智重
第59代
第60代
第61代
第62代
第63代
第64代
15代　水戸学
徳川　慶喜
戊辰戦争
（凡例）
師弟関係
思想的影響
交友関係
その他の関係
思想家
※大字・太枠は講演の中で話題となった人

資料：安積艮斎に連なる思想的系譜

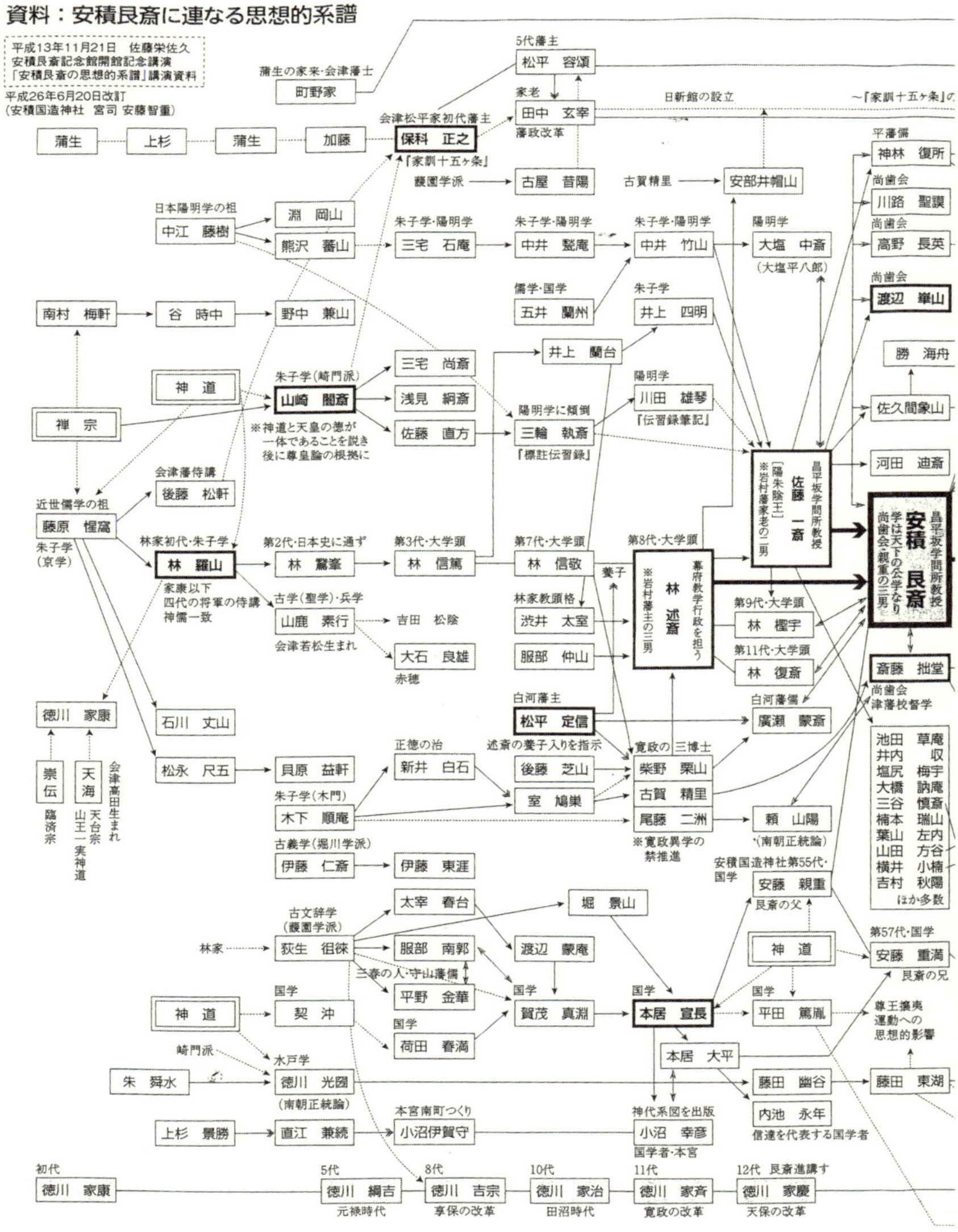

光はうつくしまから

県知事二期目の一九九四年七月、私は地方分権をより推進するため、「地方分権・うつくしま、ふくしま。宣言」を発表した。

住民も国も県も市町村も、本来イコールパートナーであるという私の考えを強く示したものである。

私の政治の出発点は、「東北へ光を」という、従来型の国（中央・霞ヶ関）へのおねだりスタイルではなく、「東北から光を」という誇り高き自立を目指すことであった。宣言には、福島から光を発していくんだという強い気概と自負を込めていた。

私の目には、明治の薩長政府がつくり上げ、戦後も長く続いた「中央集権体制」では、もう国も地方もよく機能しないことが明白だったからだ。

「光はうつくしまから」。二〇年前に発した宣言であるが、その精神はいまでも新しいと思う。

宣言の骨子を挙げておきたい。

①新しい日本、新しい地方像を提案し、その将来像の実現のために、福島自らがその原

動力となる。

②地方自治の真の担い手は住民一人ひとりであり、住民に最も身近な市町村を中心とした地方分権の実現を推進する。

③真に地域が自主性・個性を発揮できるよう、国・都道府県・市町村の新たなパートナーシップの構築を図る。

④真の地方分権に向けて、自らの意識改革を進めていくとともに、地方分権の担い手として、地方の当事者能力の向上に努める。

正直にいうと、宣言を出したこの時点では、地方分権についての理解も議論もまだまだ未熟で、私の考えが広く深く浸透したとはいいがたかった。ようやく、議論の入り口に立ったという程度であったと思う。しかし、ここから福島県民の意識が徐々に変化していったことも事実である。私としては明治以来の中央との桎梏《しっこく》から、これを機に脱していこうとの思いもあったのである。「自分たちでやろう」――このことである。

昨今では「地方分権」が「地方主権」という言葉に置き換えられているように、地方が主役の流れが勢いを増しているのは嬉しいかぎりだ。ただ、政府の政策の貧困と霞ヶ関のサボタージュで地方が逆に苦境に陥っているのが現実である。

二〇一四年末の解散総選挙で、自民党はとってつけたように（地方の票目当てに）「地方創生」を打ち出したが、その動機がいかにも不純であることは国民に見透かされている。福島県では二〇年も前に真の「地方創生ビジョン」を発表していたのである。

二〇〇一年三月、私は、「全国フラワーサミットｉｎ会津」で「個性輝く、心のふるさとづくり」という題で講演を行った。会場は会津の山都町の山都町立山都第二小学校、聴衆は「緑の少年団」の児童たちである。

講演で私はこんな話をした。

竹下登さんという総理大臣を経験された方がいらっしゃいましたが、私が国会議員で会ったときにその方と国会の中でときどきお話をさせていただきました。竹下さんは私の顔を見るたびに「戦前の福島というのは一番貧乏な県だったな」と言うのです。竹下元総理というのはよく数字を覚えている人でしたから、私はその言葉が正しいかどうか、間違いないのかどうか資料をいろいろ調べさせました。

そうすると、昭和五年当時、福島県の県民所得は全国で沖縄県を除いて四六番目だったのです。全国の都道府県の数は四七ですから、沖縄を除いたら最低だったのです。昭和一〇年に四五番目にワンランク上がるのですが、太平洋戦争に突入する前の年、昭和一五年にワンランク下がり、またもや四六番でした。

やはり福島は全国で一番貧乏な県だったのです。その後、皆さんのおじいちゃんやおばあちゃんに一生懸命頑張っていただきましたので、最近では二五から二七番目ぐらいです。東北地方では、仙台のある宮城県と一、二番を競っている状態です。

ですから、一〇〇年前は日本でも県民所得が一番低いくらいの県だったのですが、一〇〇年後の現在は二〇番台に入りました。これから一〇〇年後にはたぶん一〇番以内に入ってくるだろう、また入るように皆さんと一緒に施策を展開しなければならないと思っております。

子供たちは目を輝かせて私の話に聞き入っていた。私は講演を次のように締めくくった。

二一世紀に入りましたが、この一〇年間には訳のわからないことが国内的にもいろいろ起きました。しかし、二一世紀はもう今日の晴れ空のように見えてきていると思います。霧が晴れて、先は見えてきたと思います。ですから、後はみんなで何をすべきなのか、何をしなければならないのかを考える時期に来ていると思います。

私利私欲とか、派閥をつくってどうこうするとか、そういうことではなく、みんなで何をやらねばならないかを真剣に考え進めば、二一世紀は素晴らしい世紀になるという確信を持っています。

とくに、私は皆さんと共に日本のモデルとなるような県づくりをしていきたいと思いますし、また必ずなれると思っていますので、今後ともよろしくご指導をお願いしたいと思います。

最後になりますが、緑の少年団の皆さんにはちょっとむずかしい話も多かったかもしれませんが、二一世紀はもう皆さんの時代です。動物や植物、ここから見える星座など、周りの素晴らしい自然環境なども十分に味わい、楽しみ、接触しながら、その素晴らしい環境に住んでいることを、ぜひしっかり心の中に留めていただきたいと思います。

この講演のちょうど一〇年後に東日本大震災と福島原発事故が起きたのである。福島県は壊滅的な状況に陥った。暮らしと自然環境はズタズタに破壊された。二一世紀は「素晴らしい世紀」どころか、絶望の淵に立たされる世紀となったのである。

しかし私たちはここでギブアップするわけにはいかない。一〇〇年かかっても、放射能汚染を徹底的に除染し、もとの美しい自然に戻してほしいし、国にはその責任がある。

余談になるが、私が県知事として「地方分権・うつくしま、ふくしま。宣言」を発表したとき、「美しい」は政策にならないと国土省は私の提言に耳を貸さなかった。「美しい」という言葉は、国の政策に一言も書かれていなかったのである。むろん、国土の総合開発計画である三全総（昭和五二年）や四全総（昭和六二年）にも一言も見当たらない。まさにそうして日本の自然を破壊しながら列島を改造してきたのである。ところが国民の環境意識の高まりとともに、五全総（平成一〇年）ではそのことを反省したのか、私の意見を容れたのかわからないが、「美しい」という言葉がいくつもいくつも繰り返して出てくることになった。

「光はうつくしまから」。全国の皆さんの助けも借りて、私たちはいま一度、挑戦する。

最終章

これからの福島と日本をどうすればいいか

筆を擱《お》く前に「これからの福島と日本をどうすればいいか」を語るとしよう。
「脱原発」「原発ゼロ」の国民運動は、原子力ムラの激しい巻き返しに遭い、一進一退を繰り返している。それでも原発再稼働反対の運動は着実に国民の間に浸透しつつある。どの世論調査を見ても「再稼働」への反対は半数を超えている。
たとえば、共同通信社が二〇一四年六月二一〜二二日に実施した全国世論調査では次の結果が出ている。

あなたは、政府が「安全性が確認された」とした原発を電力会社が再稼働することに賛成ですか、反対ですか。

賛成　三六・八％
反対　五五・二％
わからない・無回答　八・〇％

国民の半数以上が、「変わる」ことを望んでいる。これは、これからもほぼ変わることのない数字だろう。私自身が原発推進の立場から、知事として原発行政に向き合う中で懐疑的になり、やがては脱原発へと舵を切り、いまでは明確な脱原発社会のイメージを持つに至った。脱原発をめざす国民の大半が、私と同じような思考の遍歴を辿られたのではないだろうか。

思えば、私に加えられた弾圧は、一人私だけに向けられたものではない。福島県民すべてに、そして国民全体に仕掛けられたものであると私は思う。

闘いの中で私たちは自ら変わらなければならない。その闘いは決して孤独なものではなく、たくさんの仲間が戦列に加わってきている。最後に脱原発の頼もしい同志たちを紹介して、希望のある日本像をイメージするのに少しでも役立てられたらと思う。

二人の元総理、原発ゼロへ

一昨年の秋、思わぬところから強力な助っ人が現れた。私と同じ政治家の二人が、人生の仕上げに大きな仕事を成し遂げるべく立ち上がったのだ。

いずれも総理大臣を務められた小泉純一郎氏と細川護熙氏だ。

実は小泉氏を政界に送り出した人物は、私の政治の師でもあった方である。「三位一体の改革」では激しくぶつかったが、小泉氏はご縁を感じる政治家の一人である。

小泉純一郎元総理が「原発ゼロ」の主張を始めたのは、二〇一三年の秋ごろだったと記憶している。その少し前の夏、毎日新聞の人気コラム「風知草」に次の記事が載って、世間を少なからず驚かせた。長いが、全文を引用する。

《小泉純一郎の「原発ゼロ」》

脱原発、行って納得、見て確信――。今月中旬、脱原発のドイツと原発推進のフィンランドを視察した小泉純一郎元首相（71）の感想はそれに尽きる。

三菱重工業、東芝、日立製作所の原発担当幹部とゼネコン幹部、計5人が同行した。道中、ある社の幹部が小泉にささやいた。「あなたは影響力がある。考えを変えて我々の味方になってくれませんか」。

小泉が答えた。

「オレの今までの人生経験から言うとね、重要な問題ってのは、10人いて3人が賛成すれば、2人は反対で、後の5人は『どっちでもいい』というようなケースが多いんだよ」

「いま、オレが現役に戻って、態度未定の国会議員を説得するとしてね、『原発は必要』という線でまとめる自信はない。今回いろいろ見て、『原発ゼロ』という方向なら説得できると思ったな。ますますその自信が深まったよ」

3・11以来、折に触れて脱原発を発信してきた自民党の元首相と、原発護持を求める産業界主流の、さりげなく見えて真剣な探り合いの一幕だった。

呉越同舟の旅の伏線は4月、経団連企業トップと小泉が参加したシンポジウムにあった。経営者が口々に原発維持を求めた後、小泉が「ダメだ」と一喝、一座がシュンとなった。

その直後、小泉はフィンランドの核廃棄物最終処分場「オンカロ」見学を思い立つ。自然エネルギーの地産地消が進むドイツも見る旅程。原発関連企業に声をかけると反応がよく、原発に対する賛否を超えた視察団が編成された。

原発は「トイレなきマンション」である。どの国も核廃棄物最終処分場（＝トイレ）を造りたいが、危険施設だから引き受け手がない。「オンカロ」は世界で唯一、着工された最終処分場だ。２０２０年から一部で利用が始まる。

原発の使用済み核燃料を10万年、「オンカロ」の地中深く保管して毒性を抜くという。人類史上、それほどの歳月に耐えた構造物は存在しない。10万年どころか、１００年後の地球と人類のありようさえ想像を超えるのに、現在の知識と技術で超危険物を埋めることが許されるのか。

帰国した小泉に感想を聞く機会があった。

――どう見ました？

「10万年だよ。３００年後に考える（見直す）っていうんだけど、みんな死んでるよ。日本の場合、そもそも捨て場所がない。原発ゼロしかないよ」

――今すぐゼロは暴論という声が優勢ですが。

「逆だよ、逆。今ゼロという方針を打ち出さないと将来ゼロにするのは難しいんだよ。野党はみんな原発ゼロに賛成だ。総理が決断すりゃできる。あとは知恵者が知恵を出す」

「戦はシンガリ（退却軍の最後尾で敵の追撃を防ぐ部隊）がいちばん難しいんだよ。撤退が」

「昭和の戦争だって、満州（中国東北部）から撤退すればいいのに、できなかった。『原発を失ったら経済成長できない』と経済界は言うけど、そんなことないね。昔も『満州は日本の生命線』と言ったけど、満州を失ったって日本は発展したじゃないか」

「必要は発明の母って言うだろ？　敗戦、石油ショック、東日本大震災。ピンチはチャンス。自然を資源にする循環型社会を、日本がつくりゃいい」

もとより脱原発の私は小気味よく聞いた。原発護持派は、小泉節といえども受け入れまい。５割の態度未定者にこそ知っていただきたいと思う。（敬称略）

（二〇一三年八月二六日　東京朝刊）

書いたのは毎日新聞の山田孝男さんというコラムニストだ。山田さんは震災直後、私の自宅に取材にやってきた。新幹線も高速道路もまだ止まったままなので東京から山形飛行場に飛び、山形から車で郡山の拙宅に見えられた。たいへん真摯な方だった。その取材内容は同じコラム「風知草」で、「津波が剝ぎ取ったもの」(二〇一一年四月七日付)と題する記事になっている。

元総理の「原発ゼロ」を紹介したこの記事は広く世間に流布した。社会に与えた影響も少なくなかったはずだ。

新自由主義を唱え、構造改革論者である小泉元総理と私の考えはだいぶ違った。が、いまも影響力絶大の小泉氏が「原発ゼロ」の旗を高く掲げたのは歓迎すべきことだった。

一一月、小泉氏は記者会見を開き、安倍首相に政策転換を促した。「総理が決断すれば、(原発ゼロは)できる」と訴えたのである。

明けて二〇一四年の一月、もう一人の元総理大臣細川護熙氏が小泉氏の支援を受け、「脱原発」を掲げて都知事選に立候補するも、残念ながら三位で落選する。自民党は党を挙げて舛添要一候補を応援した。二人の人気沸騰を恐れてのことか、マスコミも小泉・細川演説のツーショットを、一部のメディアを除きほとんど報じなかった。

二人が再び動きだしたのは四月のことだ。安倍政権が着々と再稼働の準備を進め、民主党政権が決めた「二〇三〇年代の原発稼働ゼロ」も閣議決定でひっくり返したことに危機感を持ったのだろう。「ブルドーザーのように原発政策を進める」国の姿勢は、いまだ〝健在〟である。裏で「原子力ムラ」がフル回転したであろうことも想像に難くない。

四月に入って二人は、原発ゼロをめざす国民運動の拠点となる新たな組織「一般社団法人自然エネルギー推進会議」の設立を発表した。代表には細川氏が就いた。私もその賛同人に名を連ねた。五月七日、その設立総会が開かれ、小泉氏は大意、次のように挨拶した。

「原発ゼロの国づくりをめざし、死ぬまで頑張らないといけないと思って今日は（総会に）やってきた。東京都知事選では『原発は安全だ』『原発はコストが一番安い』『原発はクリーンだ』というのは大うそだと言った。うそじゃないと言って、まだやっている人の気が知れない。

都知事選は残念な結果だったが、聴衆の皆さんは熱い心を持っていた。敗北の結果にくじけないところが細川さんや私の良いところだ。全原発が止まって、もうすぐ一年。日本は原発なしでやっている。原発なしで成長できる動きを加速させ、充実させるのが、この会議だ。原発ゼロに向かって進むのは素晴らしい」

細川代表はこうあいさつした。

「当会議は、（原発）再稼働に反対し、原発から自然エネルギーに転換していくことで、放射能の心配のない社会をつくっていくことが目標だ。原発立地県などでのさまざまな活動を通じて、少しでもそういう動きが定着していけるよう努力したい」（二〇一四年五月八日付東京新聞から抜粋・編集）

自然エネルギー推進会議は、原発再稼働や原発輸出に反対する国民運動の拠点となることを考えている。当面、政治とは一線を引き、広く賛同者を募り、国民運動のうねりをつくろうとしている。

課題は、都知事選で亀裂の入った宇都宮健児さんの陣営との共闘が再構築できるかどうかだ。国民の半数を超える「原発ゼロ」の声を、ぜひともこの会議に結集させたいものである。福島の本当の未来も、そこにかかっている。

自然エネルギー推進会議

【発起人】元首相・細川護熙、元首相・小泉純一郎、作家・赤川次郎、画家・安野光雅、哲学者・梅原猛、精神科医・香山リカ、音楽家・小林武史、福島県南相馬市長・桜井勝延、俳優・菅原文太、作家・瀬戸内寂聴、日本文学者・ドナルド・キーン、音楽評論家・湯川れい子

【賛同人】 宇宙飛行士・秋山豊寛、京都造形芸術大学教授・浅田彰、歌舞伎俳優・市川猿之助、映画監督・岩井俊二、脚本家・小山内美江子、作家・落合恵子、歌手・加藤登紀子、ルポライター・鎌田慧、医師・鎌田實、弁護士・河合弘之、東京大学大学院教授・ロバート・キャンベル、音楽家・坂本龍一、評論家・佐高信、元福島県知事・佐藤栄佐久、作家・澤地久枝、ジャーナリスト・下村満子、ミュージシャン・SUGIZO、エネルギーから経済を考える経営者ネットワーク会議代表・鈴木悌介、法政大総長・田中優子、ジャーナリスト・津田大介、白鴎大学教授・福岡政行、軍事ジャーナリスト・前田哲男、首都大学東京教授・宮台真司、静岡県湖西市長・三上元、前茨城県東海村村長・村上達也、脳科学者・茂木健一郎、オーガニックカフェ経営・吉岡淳、俳優・吉永小百合、城南信用金庫理事長・吉原毅（二〇一四年五月七日現在）

瀬戸内寂聴さんと吉永小百合さん

私は女性週刊誌というものにほとんど目を通したことがない。むろんつくり手の側も男性、とくに高齢の爺さんなどハナから読者として想定していないだろう。その私が、最近自ら買い求めて読んだのが、二〇一四年三月二五日号の女性自身である。作家の瀬戸内寂聴さんと俳優・吉永小百合さんとの対談記事が載っていたからだ。記事のタイトルは、「震災&原発禍　被災者に希望の未来を…私たちは闘います」

日本を代表する女優さんと作家の対談、これはぜひとも読まなければ、と思った。

瀬戸内さんは前述の「自然エネルギー推進会議」の発起人であり、吉永さんも賛同人に名を連ねている。お二人とも以前より脱原発の意思を明確に示されている。お二人は一三年ぶりの再会ということであった。瀬戸内さんは九一歳、吉永さんは六八歳である。

瀬戸内さんは三・一一直後の六月、しばらく寝たきりで歩けない状態であったにもかかわらず、以前ご住職をなさっていた岩手県の天台寺へ法話に駆けつけた。そのときに被災者の方々へかけられた言葉が私の胸を打った。

「どん底だから、もう自分は終わりだなんて思わないでください。どん底より下はありません。どん底に落ちたら、後は上がるしかないと思ってください」

それを聞いた被災者の皆さんは「ああ、なるほど」とホッとした顔をなさったそうである。たとえひとときであっても、聞く者の心に明かりを灯す瀬戸内さんの法話の力、今さらながら感心したものだった。

いっぽう吉永さんは、原爆の詩の朗読を三〇年間も続けてこられた。震災後は富岡町出身の佐藤紫華子さんの『原発難民の詩』の詩集など、被災者のつくった詩の朗読を続けておられる。二〇一二年四月に福島市公会堂で行われた朗読会には一二〇〇人の聴衆が集い、吉永さんの朗読に涙を流したという。

このとき吉永さんは、「カタカナのフクシマから早く漢字の福島に戻れますよう祈りながら読もうと思います」とあいさつした。

瀬戸内さんは福島原発事故を「人災」と言明し、吉永さんは「原子力の平和利用なんてない、核というものは、人間と共存できないものなんだと、事故で初めて自覚したように思います」と述べた。

女性自身のこの対談記事は、脱原発派に大きな勇気と励ましを与えたと思う。その後瀬戸内さんは大病を患われて私も心配したが、幸い恢復《かいふく》されたようでほっとしている。これからも平和な日本にかけがえのない存在としてご活躍されんことを心から祈念する。

歴史学者・朝河貫一の警鐘「変われぬ国は滅ぶ」

本書の筆を擱《お》くにあたってわが母校、安積高校（旧安積中学）の二人の大先輩について述べておきたい。一人は世界的な歴史学者、朝河貫一博士、もう一人は明治の思想界と文学界に大きな影響を与えた高山樗牛である。まず朝河博士は日本の近未来を正確に予言した一級の歴史学者である。

私は朝河博士については特別な思いがある。というのも、博士が日本ではまだ充分に知られていなかったころ、私の東大の先輩で東大教授を務められた阿部善雄先生という方がおり、何とか朝河博士の著作『入来文書』を世に出したいということで奔走されていた。私も青年会議所時代からそのお手伝いをしていたのだが、世間の評価が伴わないことと難解な内容のためうまく運ばない。念願かなって刊行にこぎつけたのは、私が知事になって関係方面に懸命に働きかけた後のことだった。随分と長い年月がかかったが、そんなわけで朝河博士と『入来文書』への私の思いは深い。なお、難解な英文の『入来文書』を日本語に翻訳されたのは、安積高校の先輩、私の一代前の生徒会長だった矢吹晋氏（横浜市大名誉教授）である。

朝河博士は、福島県二本松市の出身である。

朝河博士は一八八八（明治二一）年、明治に入って福島県で初めて創立された福島県尋常中学校（現福島県立安積高等学校）に入学。在学中、英国人教師トーマス・E・ハリファックスに教えを受けた。一八九五（明治二八）年、東京専門学校（現早稲田大学）を首席で卒業すると同年、米国へ渡り、ダートマス大学へ編入学する。このとき、大隈重信や徳富蘇峰、勝海舟らから渡航費用の援助を受けたという。抜きん出て嘱望された青年だったのだろう。一八九九年（明治三二）に同大学を卒業、一九〇二（明治三五）年イェール大学大学院を卒業、同年にダートマス大学の講師となる。

一九〇七（明治四〇）年にはイェール大学講師となり、助教授を経て一九三七（昭和一二）年、日本人初のイェール大学教授に就任した。

朝河博士は渡米後、二度帰国している。最初の帰国時には早稲田大学で教鞭を執った。このとき福島市で講演会を開き、国の政治についてこう述べた。

「国の政治のためには、偽り、嘘を言い、弱い者をいじめるという必要性を感じることがあるでしょう。（中略）それはなんのためでしょう。政治には『責任』が伴うのでありますが、このことを無視するからであります」

政治家の非倫理性と不道徳を厳しく戒めたのである。

また、一九〇九（明治四二）年に著した書『日本之禍機』の中で「日本は国を挙げて国民の反省力向上に努めなければならない。それを怠り、この国の行く末を、一握りの少数者の知力と道義心に頼り、任せている限り、日本の前途は極めて危ういものとなると言わざるをえない」と書き、日露戦争後の日本による満州支配に警鐘を鳴らしている。

朝河博士の予言と警鐘は、太平洋戦争の敗北という形で現実のものとなった。そればかりではない。福島原発事故の発生を予言したものでもあったのである。

原発事故後設置された「国会事故調」の報告書の中で、委員長の黒川清氏は朝河貫一博

朝河貫一
（あさかわかんいち）
1873～1948年。歴史学者。福島県二本松市生まれ。福島県尋常中学校在学中、英国人教師トーマス・エドワード・ハリファックスに教えを受ける。
1985年、東京専門学校（現早稲田大学）を首席で卒業。同校在学中に坪内逍遙や夏目漱石の教えを受ける。同年、大隈重信、徳富蘇峰、勝海舟らに渡航費用の援助を受けて米国へ渡り、ダートマス大学へ編入学する。1899年同大学を卒業。1902年、イェール大学大学院を卒業。同年Ph.D.を受ける。以降、ダートマス大学講師、早稲田大学文学部講師、イェール大学講師、同大学助教授を経て、1937年、日本人初のイェール大学教授に就任する。1941年、日米開戦を避けるため、天皇宛米国大統領親書草案をラングドン・ウォーナーにわたすも実らず。コネチカット州ニューヘヴンのグローヴストリート墓地と福島県二本松市の金色(かないろ)墓地に墓が建立されている。著作に、『日本の禍機』講談社学術文庫・1987年、『入来文書』矢吹晋訳・柏書房・2005年など多数。

写真提供：毎日新聞社

士を引いて次のように書いている。「朝河は、日露戦争に勝利した後の日本国家のありように警鐘を鳴らす書『日本之禍機』を著し、日露戦争以後に『変われなかった』日本が進んでいくであろう道を正確に予測していた。（今回の原発事故は）『変われなかった』ことで起きた」。

黒川委員長のこの指摘に、原子力ムラの人たちが正面から向き合うことは、残念ながら、これからも決してないであろう。彼らは安全でない原発を安全だと言いくるめてきた人たちである。もともと原子力ムラは、倫理観を喪失した人たちの集まる所である。

一九四一（昭和一六）年、朝河博士は日米開戦を避けるため、美術史家のラングドン・ウォーナーの協力を得て、フランクリン・ルーズベルト大統領から昭和天皇宛の親書を送るよう働きかけを行った。朝河博士は実践的な平和運動家でもあったのである。残念ながら朝河博士の働きかけは実らず、日本は無謀な太平洋戦争に突入していった。ちなみに朝河博士が協力を仰いだラングドン・ウォーナーは、日本の古美術を戦火から守ろうと米国政府に進言したとされる人物である。

朝河博士は一九四八（昭和二三）年、バーモント州ウェストワーズボロで死去する。埋葬の地はコネチカット州ニューヘヴンのグローヴストリート墓地。福島県二本松市の金色《かないろ》墓地にも墓が建立されている。

「吾人は須らく現代を超越せざるべからず」

戦後の原子力政策は、一九五三（昭和二八）年のアイゼンハワー大統領の国連総会での演説「Atoms for Peace（原子力の平和利用）」を契機とする。米国の了解を得て日本でも原発建設が行われることになった。その原発政策をリードしたのが、原子力合同委員会の委員長に就いた自民党の中曽根康弘元首相であり、初代原子力委員会委員長の正力松太郎（元読売新聞社主）である。以降、日本の原発政策は国策として、歴代自民党政権が推進してきたのである。

したがって、福島原発事故の責任主体は間違いなく自民党である。彼らがその責めを負わなければならない。「敵は東電ではない、国だ」と私は知事時代に言い続けてきた。

しかしいま、原発事故を招いた政府・自民党の政治家に「変わろうとする」姿勢はみじんもなく、原子力ムラは挙げて再稼働に向けて突っ走っている。一〇〇年後の日本を見通していた朝河博士が今の日本のありようを目の当たりにしたら、今度はどんな警鐘を鳴らすのであろうか。

「変わらなければ、国が滅ぶ」

想起すべきは、この言葉であろう。

政治家が変わらなければ、私たち自身がまず「変わる」必要がある。私たち自身が変わることで社会のありようを変えていくのである。

「フクシマの未来」を「福島の希望」に変えるため、私たちは変わる。それがいつか政治を動かす。私の知事時代のモットーは「住民起点の政治」であった。住民から自治体へ、そして国へと流れる意思のベクトル、政策決定のあり方を貫いてきた。それは必ずできる。私の確信である。

さて、もう一人の大先輩は明治の文芸評論家であり、思想家・作家でもある高山樗牛（一八七一～一九〇二年）である。樗牛は山形県鶴岡市に生まれたが父親の福島県庁転任に伴い来福、一八八四（明治一七）年、新設の福島中学校（現県立安積高等学校）に一期生として入った。その後東京帝国大学文学部に入学、学生時代に書いた「滝口入道」が読売新聞の懸賞小説に入選するなど、明治三〇年代前後、一世を風靡《ふうび》した人である。雑誌太陽の編集主幹時代に、明治の大文豪・森鷗外と美学論争をしたことはつとに有名である。

多くの明治の知識人たちが単純な「脱亜入欧」に唱えるなか、樗牛は自らの内的生活を踏まえて日本主義の旗手となった。

樗牛との出逢いは私が高校に入学したその日のことである。私は学校の売店で手ぬぐいを買い求めた。手ぬぐいは当時の男子生徒の必需品である。広げてみるとそこには、

「吾人《ごじん》は須《すべか》らく現代を超越せざるべからず」

と染め抜かれてあった。

私はこの文は何かと思い、先生に聞くと、本校の大先輩の高山樗牛という人の言葉だという。

その意は、われらは目先のことにとらわれず、高い志に向かって精進努力し、今を超える素晴らしい社会をつくろうということ。高校生の私に、真にその意味を理解できたかどうかはいささか心もとないが、「吾人は須らく現代を超越せざるべからず」が心に沁み、その後は事あるごとに胸中に浮かんでくる私の座右の銘となった。

樗牛は一九〇二（明治三五）年一二月、満三一歳で夭折《ようせつ》した。墓所は世界遺産の富士山

写真提供：毎日新聞社

高山樗牛
(たかやまちょぎゅう)

1871〜1902年。文芸評論家・思想家・文学博士。山形県鶴岡市生まれ。1893年、東京帝国大学文科大学哲学科に入学、1896年同大学卒業。級友に土井晩翠がいる。在学中の1984年、読売新聞の懸賞小説に、「滝口入道」が入選。1896年に大学を卒業。第二高等学校の教授に就任するも、校長排斥運動をきっかけに辞任。博文館に入社し太陽編集主幹に。美学をめぐって森鷗外と論争。1900年、文部省から美学研究のため海外留学を命じられたが、病を得て入院。療養生活に入る。1901年、留学を辞退。同年、東大の講師になり週1回、日本美術を講じた。1902年、論文「奈良朝の美術」により文学博士号を授与されるも、病状が悪化し、東大講師を辞任、同年12月に死去。墓所は静岡市清水区の龍華寺。墓碑銘に「吾人は須らく現代を超越せざるべからず」とある。

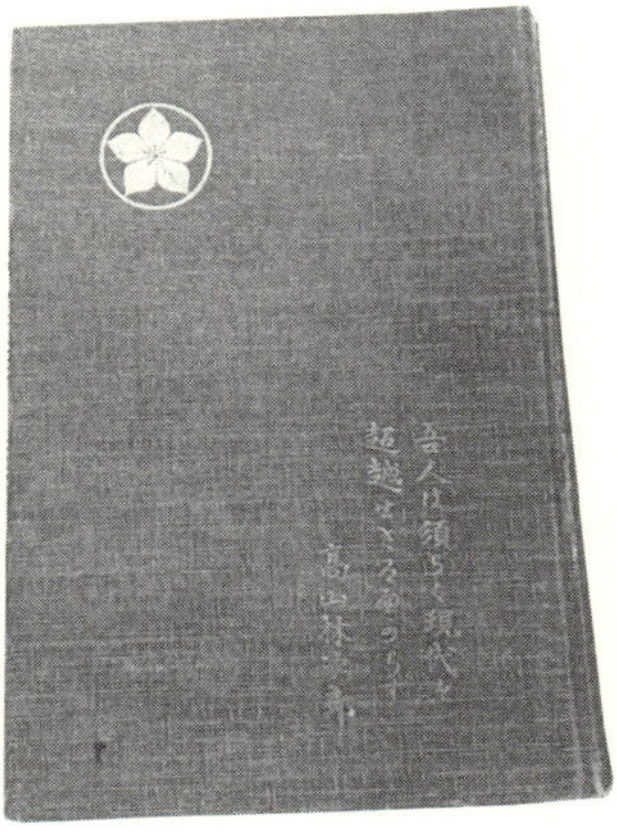

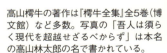

高山樗牛の著作は『樗牛全集』全5巻（博文館）など多数。写真の「吾人は須らく現代を超越せざるべからず」は本名の高山林太郎の名で書かれている。

を一望できる静岡県静岡市清水区の龍華寺である。墓石にも「吾人は須らく現代を超越せざるべからず」と刻まれている。

樗牛のこの言葉こそ、これからの日本の危機を超えていく至言であると私は確信している。

福島の原発をすべて廃炉にし、代わって多様な自然エネルギーのもとで肥沃な土壌を取り戻し、フクシマをもとの「うつくしま、ふくしま」に戻す。それが日本全体の「原発ゼロ」の復興モデルとなる。その日が一刻も早く来ることを、私は待ち望んでいる。

参考・引用文献（順不同）

◉『知事抹殺』佐藤栄佐久著（2009年・平凡社）
◉『福島原発の真実』佐藤栄佐久著（2011年・平凡社）
◉『それでも私は無実だ』高橋豊彦著（2008年・財界２１）
◉『光はうつくしまから』社会政治工学研究会編（2004年・社会政治工学研究会）
◉『人物破壊』カレル・ヴァン・ウォルフレン著・井上実訳（2012年・角川文庫）
◉『郷土の先人に学ぶ』社会政治工学研究会編（2004年・社会政治工学研究会）
◉『月刊りい〜ど』（2013年〜・いわきジャーナル）
◉『季論２１』（2012年冬号・本の泉社）
◉『あなたはどう考えますか？　〜日本のエネルギー政策〜』（2002年・財団法人福島県原子力広報協会）
◉『震災考』赤坂憲雄著（2014年・藤原書店）
◉『戊辰戦争』佐々木克著（2011年・中公新書）
◉『統道真伝』（1966年・岩波文庫）
◉『二本松少年隊』安藤信（1939年・厚生閣）
◉『原子力帝国』ロベルト・ユンク著・山口祐弘訳（1989年・社会思想社）
◉『会津戊辰戦史』会津戊辰戦史編纂会編（1933年・会津戊辰戦史編纂会）
◉『ある明治人の記録』柴五郎著（1971年・中公新書）
◉『2008年中学・高校受験用重大ニュース』（2008年・学研クエスト）
◉『評論』178号（日本経済評論社）
◉『文藝春秋』（1951年9月号）
◉『週刊東洋経済』（2003年7月12日号）
◉『アエラ』（2005年1月31日号）
◉『フォーサイト』（2005年6月号）
◉『女性自身』（2014年3月25日号）
◉『風雪の譜』石川猶興著（1972年・崙書房）
◉『日本の禍機』朝河貫一著（1987年・講談社学術文庫）
◉ 朝日新聞／◉ 毎日新聞／◉ 読売新聞／◉ 東京新聞／◉ 新潟日報／◉ 日本経済新聞
◉ シュピーゲル誌　2011年5月23日号
◉ 福島県三春町公式ＨＰ

著者略歴
佐藤 栄佐久（さとう・えいさく）
元福島県知事。1939年福島県郡山市生まれ。福島県立安積高校、東京大学法学部卒業後、日本青年会議所での活動を経て、83年に参議院選挙で初当選。87年大蔵政務次官。88年、福島県知事選に出馬、当選。東京一極集中に異議を唱え、道州制導入に反対、原発問題や地方分権で国と鋭く対峙して、闘う知事として名を馳せる。県内で圧倒的支持を受け、5期18年にわたり県知事の座にあった。しかし2006年、官製談合事件で知事辞任、その後逮捕される。09年10月、1審に続き2審でも有罪判決となるも「収賄額ゼロ円」という前代未聞の認定となった。最高裁に上告したが、2012年10月棄却、有罪が確定した。2011年の3・11東日本大震災以降、脱原発社会の実現を目指して講演・執筆活動に励む。著書に『知事抹殺――つくられた福島県汚職事件』（平凡社）、『福島原発の真実』（平凡社）などがある。

日本劣化の正体

2015年３月19日　第１刷発行

著　者　　佐藤栄佐久
発行者　　唐津 隆
発行所　　株式会社ビジネス社
〒162-0805　東京都新宿区矢来町114番地 神楽坂高橋ビル5階
電話　03(5227)1602　FAX　03(5227)1603
http://www.business-sha.co.jp

印刷・製本　大日本印刷株式会社
〈カバーデザイン〉大谷昌稔（パワーハウス）〈本文組版〉茂呂田剛（エムアンドケイ）
〈編集担当〉前田和男、斎藤 明（同文社）〈営業担当〉山口健志

ISBN978-4-8284-1807-0